别在该行动的时候选择理由

大河向东 编著

北方妇女儿童出版社
·长春·

图书在版编目（CIP）数据

别在该行动的时候选择理由 / 大河向东编著. -- 长春: 北方妇女儿童出版社, 2019.1（2023.5重印）
ISBN 978-7-5585-3292-4

Ⅰ. ①别… Ⅱ. ①大… Ⅲ. ①成功心理—通俗读物 Ⅳ. ①B848.4-49

中国版本图书馆CIP数据核字（2018）第301621号

别在该行动的时候选择理由

BIEZAI GAI XINGDONG DE SHIHOU XUANZE LIYOU

策 划 人　师晓晖
责任编辑　关　巍
排版制作　尚唐一品
开　　本　880mm × 1230mm　1 / 32
印　　张　5
字　　数　120 千字
版　　次　2019 年 4 月第 1 版
印　　次　2023年5月第 5次印刷
印　　刷　旭辉印务（天津）有限公司
出　　版　北方妇女儿童出版社
发　　行　北方妇女儿童出版社
地　　址　长春市福祉大路 5788 号
电　　话　总编办：0431-81629600
　　　　　发行科：0431-81629633

定　　价　29.80 元

永远不要给自己不想做事而找理由，理由多了，脚步就慢了，人生也就黯淡无光了。

无论我们是工作人士，还是在校的学生，或是家庭主妇，要永远把理由和借口拒之门外，时时刻刻身体力行，迎难而上，并且不断地挑战自认为的极限。其实当你试着挑战的时候，你会发现，那根本就不是极限，那只是你踮下脚尖就可以触碰的目标而已经。

人最大的缺点就是为自己找借口，无论是什么事，还没做，就为自己找推托的理由；做了，没成功，又为自己找各种客观理由。其实这只是自我安慰的借口，减少自己的心理负担，这更是对自己的一种不负责任。

曾有两个路人，投资生意失败了，都感到生活的压力太大了，没有希望了，他们向对方互诉苦水，他们的对话被一个年长的老翁听到了，老翁走过来说："年轻人，你们知道自己失败的问题出在哪吗？"年轻人滔滔不绝地说出了各自的理由。

老翁听了之后，摇了摇头说："我问你们几个问题，你们知道成功人士最多的是什么吗？"

“是钱！”

“你们知道自己最多的是什么吗？”

“时间！”

“错，你们都答错了，你们从头到尾最多的就是借口和理由，失败不是因为你不行，不是因为你没能力，而是因为你们为自己找了太多的借口，而成功人士最多的是方法，他们从不为自己的失败找借口，而是找失败的原因，寻找解决问题的方法。”

年轻人听了之后感到无地自容，更为自己的行为感到羞愧，对老翁说：“我知道该怎么做了……”

是的，大多数时候，无论做什么事，我们都为自己的懒惰和失败找了太多的借口和理由，随着年龄的增长多了一些经历，才知道借口和理由绝对是绊脚石，为什么不去尝试？为什么要拿借口来推诿呢？人生有些不同的尝试多好，当你年老的时候想起那些奋斗的日子，你才知道自己的一生没有白活，如果我们只知道吃喝玩乐，浑浑噩噩的，那我们和动物有什么两样啊？当今世界，社会发展瞬息万变，机遇和挑战时刻摆在面前，让我们有诸多的可能性，难道这些都不足以挑起你的好奇心吗？难道你就不想看看自己到底有多少可能性吗？所以，不要再为自己不想做事而找理由了。

目
录

第一章

想做好事，要做自己而无所畏惧

不要想得太多，却做得很少

有一个男孩，长得挺帅，身材也好，穿衣服还好看，更重要的是，他有一个金光闪闪的梦想，他想当模特。

有梦想是好事，可是他不能因为这个梦想和自身的优越条件，就变得趾高气扬、目空一切。他不屑于跟人打交道，不屑于工作挣钱，每天就是不停地买衣服，不停地自拍。无论遇到多少麻烦，无论别人怎么指责他，他就扔下一句话：等我以后红了，你们都得羡慕我！

有当模特梦想的人与众不同一些也没关系，但是，他为梦想都做了些什么呢？很遗憾，除了穿衣打扮，他没有做任何与模特有关的练习和准备。他每天有大把的时间，他用这些时间打游戏、刷朋友圈，睡觉。

家人为他找了很多份工作，可是每一份都干不长，因为他觉得，自己将来是模特，怎么可以做这些粗活儿？太掉面子了。他花着父母的钱，脸不红心不跳，还一脸洒脱，说自己以后成功了，会加倍补偿他们，他们不会吃亏的。

试问，他不学专业知识怎么能够入行？他不注意提升内涵，怎么可能更有气质？他不努力挣钱，拿什么包装自己？梦想就像中午的太阳，在他面前闪着刺眼的光，他沐浴在这强光里，觉得前途明亮得一塌糊涂，却没有看到，阴影早已将他覆盖。

早在千年之前，荀子在《劝学》里就已提到："吾尝终日而思矣，不如须臾之所学也；吾尝跂而望矣，不如登高之博见也。登高而招，臂非加长也，而见者远；顺风而呼，声非加疾也，而闻者彰。假舆马者，非利足也，而致千里；假舟楫者，非能水也，而绝江河。君子性非异也，善假于物也。"

意思就是：

"我曾经整天思索，却不如片刻学到的知识多；我曾经踮起脚远望，却不如登到高处看得广阔。登到高处招手，手臂并没有加长，可是别人在远处也能看见；顺着风呼叫，声音没有比原来加大，可是听的人却能听得很清楚。借助车马的人，并不是脚走得快，却可以行千里；借助船只的人，并不是能游水，却可以横渡江河。君子的本性跟一般人没什么不同，只是君子善于借助外物，善于学习罢了。"

有则寓言故事是这样的：

国王要招聘新厨师，有两个毛遂自荐的人报了名。评审官叫第一个厨师上来，厨师一上来就在评审官面前说炒菜的几个要点，怎样注意火候，以及很多关于厨技方面的知识。评审官示意这个厨师下去，并让第二个厨师上场。这个厨师一上场就对评审官说："您给我几十分钟，我将做一道菜，到时候您检验一下就知道好与坏了。"评审官没有让这个厨师做菜，而是马上选择了有真才实学的他。因为第一个厨师口头上说得那么好，但是他并没有用行动来证明，所以评审官知道第一个厨师是到宫殿中骗吃骗喝的小混混。

很多人都是这样，说得天花乱坠，却没有任何实际行动。有人天天叫嚷着自己的梦想是开一家小店，却从来不去做市场调查，不去关注门面租金，不去看货挑货。有人梦想着写一部长篇小说，一年过去了，两年过去了，仍然一个字都没有写，还是孜孜不倦地在畅谈。有人梦想着瘦下来以后就穿漂亮的衣服，却每天照吃照睡，宁愿躺在沙发上一边看电视一边吃零食，也不肯下楼跑几圈；有人梦想着说一口流利的英语，却从来不去记单词，甚至看外国电影只看中文配音的，一年又一年，还是什么都不会。

有一个男孩子十分崇拜学者杨绛。高中快毕业的时候，他给杨绛写了一封长信，表达了自己对她的仰慕之情以及一些人生困惑。

杨绛回信了，男孩子激动地拆开信封，只见淡黄色的竖排红格信纸，还有毛笔字。除了寒暄和一些鼓励晚辈的句子外，信里其实只写了一句话，诚恳而不客气："你的问题主要在于读书不多而想得太多。"

杨绛先生真是一针见血啊，让年轻人迷茫的原因往往只有一个：想得太多，行动太少。

这位高中生的迷茫，是所有青年人的迷茫。尤其是初入社会的大学生，他们刚刚从象牙塔里走出来，是最困惑、最不知何去何从的。几乎所有的年轻人都会遇到这样的问题。

因为前路茫茫，所以他们对眼前的世界充满了失望。他们觉得好像不管再怎么努力蹦也只能跳那么高，所以觉得没有必要花精力与心思去做什么。所以，许多年轻人选择暮气沉沉地过日子，除了应付学习或者上班，其余时间就邋遢不堪，整天窝在房间里玩游戏、睡大觉，在玩游戏和睡大觉之余偶尔得了点空闲时间，就开始胡思乱想。想的也不过是哪个女孩漂亮，要是能追到手做女朋友就好了；或者是哪一家外卖好吃，下次还点他们的；要么就是想哪个哥们儿太不够意思了，找了份那么好的工作居然都不请客吃饭！也会想着，时间一天天过去，青春如此短暂，一定要好好努力，在 30 岁之前，达到哪些人生目标。

可是绝大多数的年轻人，就和那位高中生一样，只是想一想，学生想了半天也没有看书，上班族想了半天也没有勇于在事业上投注更大的热情与创意。大家得过且过，一起玩游戏，一起吃吃睡睡，一起任房间里乱七八糟，最后就毕业了。一年一年过去了，很快青春不在了。

他们仍然说，想读书，可是哪有时间？想做一件事情，可是哪有精力？他们宁愿将时间大把大把地用来思考，越思考越焦虑，越焦虑越不安，越不安越迷茫。最后，回到那个高中生的状态上去——想得太多而读书太少。或者也可以说：更多人最大的问题是想得太多而行动太少。

其实，我们很多人，在痛苦的时候、迷茫的时候，都愿意承认自己最大的问题是想得太多而读书太少、行动太少。而且，你有没有发现，如今社会上大多数人家重视教育，因为他们意识到，知识就是力量。这种力量不一定是直接的财富，但是可以充实人的心灵、丰富人的思维、改变人的气质，知识丰富的人才是最富有的人。

为什么年轻人容易迷茫？

因为青春最盛的时候也是精力最旺盛的时候，有些人受外界诱惑太多：玩游戏、上酒吧、逛街。试想一个不读书又不去做事的人，怎么可能不迷茫？又怎么可能身体力行追求上进呢？他们没事就会坐在那里没完没了地想，并且他的想不是为接下来的行动做计划，而是任思绪飘到哪里算哪里。

虽说人偶尔需要放松一下自己的心情与大脑，但凡事都有度，沉溺在那个状态中就有问题了。而且，这种毫不费力地想想恰好迎合了人们懒惰的心理。不是每个人终日在那里想就能成为哲学家、思想家、文学家，更多的人脑袋空空、心灵贫瘠，想来想去，越想越空，越想越烦，越想越焦躁。最后，焦躁得看不到人生的希望，就出现了开篇那个高中生给杨绛的信里面所写的长篇大论的迷茫。所以，与其在深夜辗转反侧地思考，不如翻身起来工作或学习；与其在空虚里越想越垂头丧气，不如激情昂扬地投入奋斗之中！

智慧格言

幻想恰似那时钟的指针，转了一大圈，成果仍然回到原处。

——威·柯珀

做自己，而不是模仿别人

在春秋时代，越国有一位美女，名叫西施，没有人不惊叹她倾国倾城的美貌。无论她举手还是投足，样样都惹人喜爱。她走在路上，不论男女老少，都会停下来欣赏她的美貌。

西施患有心口疼的毛病。有一天，她的病又犯了，就手捂胸口，双眉微皱，模样实在惹人怜惜。

当她这样从居住的乡里走过的时候，人们觉得西施即使病了，模样仍然很美。

乡里有一位丑女叫东施，容貌很难看。她看到西施捂着胸口、皱着双眉的样子很美，就学着西施的样子，手捂胸口，紧皱眉头，在乡里走来走去。

乡里的富人看见丑女的怪模样，马上把大门紧紧关上不出去；乡里的穷人看见丑女走过来，马上拉着妻子带着孩子绕开她，躲得远远的。

东施效颦的故事家喻户晓，它向我们阐明了一个很简单的道理：模仿别人，不但模仿不好，反而会出丑。

齐白石先生有一句名言："学我者生，似我者死。"正因为个性的差异，才构成人生万象的异彩纷呈，才谈得上相互学习、相互促进、相互吸引、心心相印，才能感受到别有洞天的人生乐趣。

清代乾隆年间，有两个书法家，一个极认真地模仿古人，讲究每一笔每一画都要有出处，酷似某某，如某一横要像苏东坡的，某一竖要像李太白的。自然，一旦练到了这一步，他便颇为得意。另一个则正好相反，不仅苦苦地练，还要求每一笔每一画都不同于古人，讲究自然，直到练到了这一步，才觉得心里踏实。

有一天，两个书法家相遇，前者嘲讽后者说："请问仁兄，您的字有哪一笔是古人的？"后者并不生气，而是笑眯眯地反问了一句："也请问仁兄一句，您的字，究竟哪一笔是您自己的？"前者听了顿时张口结舌。

从创造学的观点看，第一个书法家毫无出息，除了没完没了地重复别人，实在是一无所有，可怜至极；第二个书法家则孜孜不倦地钻研，造就自己独特的个性，做到了“我就是我”！

初涉社会的年轻人容易走入的误区之一，就是盲目地模仿成功人士，而丢失了自己的个性。要知道，人和人自身情况的不同、所处环境的差异，决定了成功的方法只能借鉴，不能模仿。

丹尼尔已经四十出头了，事业上仍无明显的成绩。他环视周围，将自己跟身边的人比较，结果发现自己处处不如人。

他觉得自己既没有隔壁的教授聪明，又不如街尾的企业家有钱，运动员的天赋他没有，成为达尔文、达·芬奇或伽利略就更不可能了。“我完全只是个普通人！一点也不突出。”他满心悲哀地想。

一天晚上，他怀着沉重的失望之情就寝，做了一个梦。在梦中上帝看着他，问了一个简单的问题：“丹尼尔，你担心自己不如你的邻居，担心自己不如聪明的达尔文，比不上有创意的达·芬奇，更不像伽利略那般惊天动地。告诉我，丹尼尔，为什么你不能在你的生命中做一回自己呢？”

他从梦中惊醒，心脏狂跳，他突然理解到这个问题的力量，并感到如释重负。他明白了：他生命中的任务不是要去模仿别人，而是要做自己。他终于看清了一个更有力的事实：在历史上，只会有一个丹尼尔，正如只有一个达尔文、一个达·芬奇和一个伽利略一样。而就算这三名了不起的人物加在一块儿，也没办法成为丹尼尔。

如果我们一味地去模仿别人的话，我们就会失去自我。学习别人的优点，确实是一件好事情，但如果什么分析都不做就盲目地效仿别人，这真的很不理智，因为到最后你可能觉得这并不是你喜欢的，而且那个时候已经找不回原来的自己了。所以，要想成功，必须走自己的路，老跟在别人后边学，可能会获得一点成绩，但最后的成功只能靠自己。

智慧格言

即使你很成功地模仿了一个有天才的人，你也缺乏他的独创精神。

——埃·哈伯德

学会独立，靠自己拼搏

在现实生活中，流行着各种“拼”，如拼家境、拼父母、拼干爹等。不可否认，这些人依靠着这些“拼”成功了，但这真的是靠自己拼搏得来的吗？这是真的成功吗？想来，大多数的人是心存疑惑的。在此，我们不予以评论。我们所要说的是，拥有这些所谓“拼”的资本的人毕竟是少数，对于绝大多数的人来说，“拼自己”才是最现实、最积极、最有前途的。

所以，当我们没有背景、财富、人脉可拼的时候，也不要气馁，不妨抖擞精神，鼓足勇气，拼自己的体力、汗水、智慧，拼自己的吃苦耐劳、锲而不舍、永不放弃，也许通过自己的拼搏也能拼出属于自己的辉煌人生。

刘禅，刘备之子，被刘备立为太子。刘备于公元 223 年 4 月病死，他于同年 5 月继位，改年号为“建兴”。军国大事先后全权委托于诸葛亮、蒋琬等人，自己没有什么突出表现。诸葛亮等贤臣相继去世后，刘禅无力主持国政，宦官黄皓开始专权，蜀国逐渐衰败。

后魏国大举伐蜀，刘禅投降，举家迁往洛阳，被封为安乐公，几年后去世。

刘禅庸碌无能，在位前期，主要依靠诸葛亮治理国政。几次出兵北伐，攻打魏国，均失利。自诸葛亮死后，蒋琬和费祎辅政，他们遵循诸葛亮的既定方针，团结内部，又不轻易用兵，曾一度使蜀国维持着比较稳定的局面。蒋琬、费祎之后，姜维执政，多次对魏用兵无功，消耗了大量国力。而刘禅自诸葛亮死后，更加昏庸无道、贪图享乐、不理朝政，宦官黄皓乘机取宠弄权，结党营私，朝政日非，连姜维也因怕被害，自请到沓中（今甘肃舟曲西北）种麦以避祸。至此，蜀国的基础已大大动摇。

公元 263 年，魏国分三路进攻蜀汉，魏将邓艾抄小路攻入蜀中，刘禅派诸葛亮之子诸葛瞻阻击邓艾。诸葛瞻在绵竹战死，魏军进而逼近成都。这时，姜维率领的蜀军主力还在剑阁驻守，毫无损伤。后主一听敌军逼近，慌作一团，不知所措，急忙召集大臣商议。有人建议后主逃向南中地区（今四川南部及云、贵部分地区），但那里情况复杂，能否站稳没有把握。有人建议东投孙吴，但孙吴也日益衰弱，自身难保。光禄大夫谯周力主降魏。后主竟采纳降魏的建议，反缚自己双手，出城投降邓艾，并听从邓艾的命令，下令蜀军全部投降。蜀国灭亡。

历史中的刘禅告诉我们，自己不拼搏，自己不努力，那么到最后只有失败等待着你。即使一开始，有父亲、有忠臣的帮忙，可是自己不去付出或者付出的不够多，不够尽力，那么等到没有人能够帮忙的时候，自己没有能力就只能坐以待毙了。

生活中，许多人一遇到困难，就想要得到他人的帮助，但他们却忘了人生是自己的。这样的人从本质上讲是懒惰的，他们总是想着不劳而获，可这是在做白日梦。一个人最大的对手，往往不是别人，而正是自己的懒惰。不要总是想着有困难找他人，而是应该学着自强自立，自己想办法解决问题。自己的人生，只能靠自己努力，靠自己拼搏，谁也不可能帮你一辈子。不管我们为了什么目标而拼搏，其中的主角都是我们自己，只有依靠自己才能赢得自己人生的最后胜利。

香港巨富李嘉诚的两个儿子李泽钜和李泽楷都以优异的成绩在美国斯坦福大学毕业，他们想在父亲的公司里施展宏图，干一番事业，但李嘉诚果断地拒绝了："我的公司不需要你们！你们还是自己去打江山，让实践证明你们是否合格到我公司来任职。"于是，兄弟俩去了加拿大，一个搞地产开发，一个去了投资银行，他们克服了难以想象的困难，把公司和银行办得有声有色，成了加拿大商界出类拔萃的人物。李嘉诚的“冷酷无情”，把孩子逼上自立、自强之路，使他们具有了勇敢坚毅、不屈不挠的人格和品性。

也许，有些人会说自己已经很拼了，可还是没有达到自己的预期目标。因此，把自己的失败归结到自己的家庭背景、人脉关系或者命运上面。而这些其实都是为自己的不努力或者是拼搏过程中的错误、失败找的借口，也只能说明自己并没有想象的那样努力和拼搏。因为拼搏的人从来不会想着要依靠他人或者等待好运的降临，他们只会靠自己的智慧与努力去打拼天下，靠自己的双脚走出一片天地。

智慧格言

不管我们踩什么样的高跷，没有自己的脚是不行的。

——布莱希特

适合的才是最好的

俗话说：“鞋子合适不合适，只有脚知道。”这句话说得很有道理，任何事情只有自己亲自尝试了，才能知道适合不适合自己。

商人在没遇到凉茶店主之前过得很开心，整天开着车子谈生意。虽忙碌，但充实富足。凉茶店主在没有遇到商人之前也过得很开心，他的日子简单清贫，但安宁、与世无争。

商人是在一个度假山庄谈完生意后，开着宝马回家时无意中发现凉茶店的。那时，凉茶店内没有客人，只有店主一人趴在桌子上打瞌睡。商人突然想进店去坐一坐，他惊讶于凉茶店的简陋与店主的清贫，便跟店主交谈起来。

商人首先讲了自己在城里灯红酒绿的日子，如何快乐地挣钱又快乐地将钱大把大把地花去。他感到那才是真正的享受人生。

凉茶店主听着听着，便被商人的话吸引住了。他说起了自己这么些年来，虽然没有大富大贵，但也过得安宁而快乐，因为他不与人争，也就没有利益的烦扰。

商人也被凉茶店主的生活方式吸引住了，他在回城的路上一直想着凉茶店主的话。尽管自己有钱，却没有凉茶店主的惬意自在。越想他越感觉到自己太可悲了，为了钱，没有真正属于自己的时间。他从来没有过过一天像凉茶店主那样悠闲自在的日子！

而凉茶店主在商人回城后也一直在想着商人的话，他想他这辈子真是白活了，每天守着个清淡的凉茶店，不但没赚到钱，而且还浪费了生命，他想如果自己能够过上商人那么富足的生活该多好啊。

“上帝真是太不公平了！”凉茶店主想，“既然上帝这么不公平，那我为什么不找他去？”令凉茶店主不解的是，他在上帝那里也见到了商人。

“那么，你们觉得怎样才算公平呢？”上帝问。

“我想过他那种生活！”商人和凉茶店主几乎同时说。

上帝笑着说：“这还不容易，我给你们换过来不就行了？”

于是，凉茶店主变成了商人，每天去和不同的合作伙伴谈生意、喝酒。商人则坐在了悠闲的凉茶店里。没过几天，两个人又吵吵嚷嚷地来到上帝面前。商人说他实在受不了凉茶店里的无声无息。凉茶店主说，他受不了虚情假意和酒精气味。

上帝哈哈大笑，说：“你们原本在各自的位置上生活得好好的，却向往别人的生活，现在知道了吧，其实别人的生活也不过如此。”两人连连点头。

人生在世，选择哪种生活方式并不重要，重要的是适不适合自己，最好的不一定是最适合的，最适合的才是最好的；最美丽的不一定适合我们，适合我们的一定是最美丽的。

智慧格言

世界上慕人者众，羡己者寡，学会羡慕自己，而后知道感恩，最终赢取成功。学会羡慕自己，你才更容易珍惜拥有的。学会羡慕自己，其实也就是善于发现自己的优点与长处。适合自己生活的才是最好。

——佚名

正视并战胜缺点

富兰克林·罗斯福曾担任过7年海军部长助理，不幸的是因为感染脊髓灰质炎而导致下肢瘫痪，每天只能坐在轮椅上，行动十分不方便。面对这一切，他决心要战胜自己，每天晚上他都偷偷地练习运动。他的母亲发现他因为练习而使身上伤痕累累时曾多次阻止，还对他说：“这样让人看见多难看啊！”罗斯福说：“我必须面对现实，面对自己的耻辱，我不需要掩盖我的丑态。”

最后，罗斯福凭借着这种勇气，竞选成为美国第33届总统，他不仅把美国从经济大萧条中解救出来，还在第二次世界大战中为反法西斯战争做出了巨大贡献。后来，罗斯福打破了美国总统连任不得超过两任的惯例，成了连任四届的美国总统。

老子曾说过：“知人者明，自知者胜。”人只有正确地认识自己才能胜利。正视自己的成功与失败才能生出万般的力量，勇敢地面对生活中出现的不幸，随时准备挑战那些阻碍自己前进的困难，成功才会与你相伴。

派蒂·威尔森在年幼时就被诊断出患有癫痫。她的父亲姆·威尔森习惯每天晨跑。

有一天戴着牙套的派蒂兴致勃勃地对父亲说:“爸爸,我想每天跟你一起慢跑,但我担心途中会病情发作。”

她父亲回答说:“万一你发作,我也知道如何处理。我们明天就开始跑吧。”

于是十几岁的派蒂就这样与跑步结下了不解之缘。和父亲一起晨跑是她一天之中最快乐的时光。跑步期间,派蒂的病一次也没发作过。几个礼拜之后,她向父亲表示了自己的心愿:“爸爸,我想打破女子长跑的世界纪录。”

她父亲替她查吉尼斯世界纪录,发现女子长跑的最高纪录是八十英里。当时读高一的派蒂为自己订立了一个长远的目标:“今年我要从橘县跑到旧金山(四百英里);高二时,要到达俄勒冈州的波特兰(一千五百多英里);高三时的目标在圣路易市(约两千英里);高四则要向白宫前进(约三千英里)。”

高一时,派蒂穿着上面写着“我爱癫痫”的衬衫,一路跑到了旧金山。父亲陪她跑完了全程,做护士的母亲则开着旅行拖车尾随其后,照料父女两人。

高二时,她身后的支持者换成了班上的同学。他们拿着巨幅的海报为她加油打气,海报上写着:“派蒂,向前跑(这句话后来也成为她自传的书名)!”但在这段前往波特兰的路上,她扭伤了脚踝。医生劝告她立刻中止跑步:“你的脚踝必须上石膏,否则会造成永久的伤害。”她回答:“医生，你不了解，跑步不是我一时的兴趣，而是我一辈子的至爱。我跑步不单是为了自己，同时也是要向所有人证明，身有残缺的人照样能跑马拉松。有什么方法能让我跑完这段路？”医生表示可以用黏合剂先将受损处接合，而不用上石膏，但他警告说，这样会起水泡，到时会疼痛难忍。派蒂二话没说便点头答应了。

派蒂终于来到波特兰，俄勒冈州州长还陪她跑完最后一英里。到达终点时，一面写着红字的横幅早在终点等着她：“超级长跑女将派蒂·威尔森在十七岁生日这天创造了辉煌的纪录。”

高中的最后一年，派蒂花了四个月的时间，由西岸长征到东岸最后抵达华盛顿，并接受总统的召见。她告诉总统：“我想让其他人知道，癫痫患者与一般人无异，也能过正常的生活。”

虽然派蒂的身体状况与他人不同，但她仍然满怀热情与理想。对她而言，癫痫只是偶尔给她带来不便的小毛病。她不因此消极畏缩，反而迎难而上，越战越勇。

世上没有完美的人，每个人都有缺点。但是成功的人就会正视它，克服它，战胜它；而失败的人往往认识不到自己的缺点，即使知道也任其发展。

面对不幸、困难、缺点、失败要敢于正视，没有理由自暴自弃，更没有理由妄自菲薄。跌倒了，爬起来，失败了，重新再来，只有这样的人生才是完美的人生、有意义的人生。

智慧格言

我认为，一个人、一个民族的完善都需要正视自己的缺点，唯有如此才能真正鼓舞士气，才能真正进步，否则徒然助长虚骄之气，是没有好处的。

——何兆武

第二章

想做好事，该行动时不要找理由

转难为易，先实现小目标

心理学上有一个“次目标”的概念，是指为了达到主目标而去设定“次目标”，“次目标”一个接一个地完成后，主目标自然会水到渠成。面对远大的目标，你完全可以将其一段段划分开来，这划分开的每一小段就是一个“次目标”。不遥远也不可怕的“次目标”完成起来并不困难。这也是把难事转化为易事的一种行之有效的方法。无论做什么事情，只要你迈出了第一步，紧接着再迈出下一步，就这样一步步走下去，当有一天你突然抬头看时，就会发现，目的地就在下一步。

有这样一个故事：

日本有名运动员，虽然个子矮小，却两次夺得了马拉松世界冠军。许多人颇为不解，记者采访他，让他说说成功的秘诀，他说："我是用智慧取胜的。"只是大家都不明白他说的智慧是什么。

10年后，这名运动员出了一本自传，这个谜终于被解开了。他在自传中写道："在每次比赛前，我都要乘车把比赛的路线仔细看一遍，并把沿途比较醒目的标志画下来，比如，第一个标志是银行，第二个标志是一棵大树，第三个标志是一座红房子……这样一直画到赛程的终点。比赛开始后，我就以百米冲刺的速度奋力冲向第一个目标；等到达第一个目标之后，又以同样的速度冲向第二个目标；然后是第三个目标、第四个目标，40多千米的赛程，被我分解成为许多小目标，每个小目标都达到了，最后自然能获胜。"

实现目标和梦想的过程，不是迈开大步直冲大目标，而是不急不躁地完成每一个小目标。这样有条不紊地实现自己的梦想，不会心生急躁、慌张等情绪，而会涌出一股更加积极的力量来激励你继续向前，如此一来，实现目标便顺理成章了。

还有一个故事是：

有一位七十多岁的老人经过长途跋涉，克服重重困难，从上海徒步到了西藏。记者采访老人时问道："如此遥远的路途，如此艰难的行程，您是否曾经被吓倒过，是否想过要放弃？到底是怎样的勇气和信念支撑您完成这漫长而艰难的徒步旅行的？”

“走一步路是不需要勇气的，”老人说，“我所做的就是如此，我先迈出了一步，紧接着再迈出一步，然后再迈出一步……就这样一步一步地迈出，我就到达目的地了。”

一个人要想在短时间内完成一个远大的目标是很难做到的，但如果将大的目标分解成一个个小目标，如日本运动员将马拉松 40 多千米的赛程以及古稀之年的老人把上海到西藏的漫长路途分解为小的目标就能够很容易地实现自己的目标和梦想。

如今的人们大都有很大的抱负、很高的志向，但是却往往忽略路是一步一步走出来的事实。要知道，远大的目标也要慢慢实现，先实现小目标，才能实现大目标。若只有远大的目标，而忽略细小的目标，那么大目标只会成为空想。要想实现大目标就必须先实现小目标，一步一个脚印才能走到目的地。

事情常常是这样，走很长的路是需要勇气和信念的，而走一步路是不需要这些的。因此，拥有远大目标的同时，你要逐步完成设定的小目标，并以此作为做事的标准认真地做下去，如此才能一步步靠近自己的远大目标。

也许有人至今还看不到自己的目的地在何处，那也没有关系，从迈出第一步开始，接着迈下一步吧！迷茫的时候回头看看你走过的路，身后的路越长，你离目的地便会越近。

智慧格言

不积跬步，无以至千里；不积小流，无以成江海。

——荀子

用最好的状态做最主要的事

凡事都有轻重缓急，最重要的事情应该优先处理，不应该和最不重要的事情混为一谈。大多数重大目标无法达成，就是因为你把大多数时间都花在次要的事情上了。所以，你必须学会根据自己的核心价值，确定日常工作的优先顺序，并且坚守这个原则，把这些事项安排到自己的例行工作中。

很多时候，你是否蓦然发觉自己很忙？你是否觉得自己就像一个不停旋转的陀螺，每天忙得团团转，几乎没有什么空闲？这几乎是每个职场中人都会遇到的问题。有些人打拼一段时间后，发现现实中的职场与就业前所想象的职场是不一样的。那时认为工作是轻松愉悦的，是激情四射的，如今，没想到自己竟陷入了工作的忙碌之中，像个无头苍蝇似的，从早到晚嗡嗡飞个不停，于是开始牢骚满腹：

“我怎么总有接不完的电话、开不完的会议？这严重干扰了我的工作进度！”

“我觉得我快要爆炸了！”

“虽然每天没做多少事，可我老是觉得时间不够用！”

“一进办公室，我的头就开始痛！”

这些人在不停发牢骚的时候，渐渐发现有些人——特别是取得相当成绩的人——却从不喊忙，工作起来游刃有余，很是轻松。他们不由得纳闷：这是为什么呢？

心理专家指出，如果你懂得根据事情的轻重缓急，有效地安排工作，压力就会减轻甚至消失，你就会更有效率地完成工作计划，并从中感受到快乐。心理专家还发现，大多事业有成就的人，都是懂得根据事情的轻重缓急行事的人。

根据轻重缓急的程度，事情被划分为四大象限。第一象限是既重要又紧急的事情，如突发性的重要事件、危机、期限逼近的任务等。这当然是需要你停下手头的一切事情马上去解决的，但实际上这样的工作并不是很多。

第二象限是重要而不紧急的事，如跟客户建立关系、制订计划、“充电”学习等。这个象限的工作是卓有成效的时间管理的核心，是打基础的阶段。如果你认为这些事情虽然很重要，可因为不是迫在眉睫反而避重就轻，迟迟不做，那么，这个象限里的事情堆积得越多，带给第一象限的压力和危机就越大。

第三象限是不重要而紧急的事情，如临时插入的电话、插入的报告、需要签署的文件等。如果你把精力都用在这些事情上，你就会被这些看似很忙的事情所左右，实际工作却没有什么实质性的进展。

第四象限是既不重要也不紧急的事情，如与重要事情发生冲突的聚会、某些电话和邮件等。有些人不堪工作重压，因此，十分偏爱第四象限，做那些不重要也不紧急的工作，实际上是在浪费时间。

卓有成效的人会努力避开第三、第四象限，因为不管它们紧急与否，它们都不重要。他们还会尽量缩小第一象限的工作量，把较多的时间用在第二象限上。

而且，成功人士总是把精力用在最具有“生产力”的地方。帕累托最省力定律告诉我们：应该用 80% 的时间做能带来最高回报的事情，而用 20% 的时间做其他事情。

记住这个定律，并把它融入工作当中，对最具价值的工作投入充分的时间，否则，你永远都不会感到安心，你会觉得始终陷于一场无止境的赛跑中，永远也赢不了。

小丽和小玟在同一家公司上班，在同一办公室里做着相同的工作。这天，她们面临着同样的事情：(1) 制订出下季度的部门工作计划，第二天上午交给老板；(2) 约见一个重要的客户；(3) 11：30 去机场接五年没见面的大学同学，并且送到酒店里；(4) 要去一趟医院，诊治花粉过敏症；(5) 去银行办理相关的手续；(6) 下班后和老公约会，因为今天是个纪念日。

先看小丽是怎么做的：

小丽因为前一天晚上睡晚了，早晨起床有些迟，她打车匆忙来到公司，但还是迟到了 5 分钟。一进办公室的门，就听到电话响，是老板提醒她明天一上班就要上交计划书。

她打开电脑，登录自己的邮箱，开始一一回复客户和公司的邮件，不停地打电话答复分公司的询问。最后一个电话结束已经是11点了！她向上司告假一小会儿，匆忙赶到机场，还好刚过10分钟，打同学的手机，才知道原来飞机晚点了。12点见到同学，送到酒店，然后一起吃饭。这顿饭她有点心不在焉，因为14：30要和客户见面，所以小丽一边吃饭一边打电话和客户约定地点。14点跟同学告别，赶到约定地点。

因为花粉过敏，和客户见面的时候一个劲儿打喷嚏，连说对不起，样子很狼狈。回到公司，刚刚坐定，准备写工作计划，不料银行来电话催了。赶到银行，银行突然需要加一份文件，气得她跟银行工作人员理论了半天，又返回公司。这时差一个小时就下班了，她觉得太累了，不想写那份计划书，于是，给同学打了一个电话，畅聊一番之后感觉好了许多。放下电话，看到满桌子的文件，忽然觉得特别烦，决定整理一下拖了几个星期的文件。整理完文件，也已经到了下班时间。

18：00跟老公约会，一起吃晚饭庆祝纪念日，由于劳累了一整天，她不断打哈欠。回到家，老公休息的时候，她却不得不泡一杯浓浓的咖啡，坐在电脑前，继续写工作计划。

再来看小玟是怎么做的：

小玟在前一天晚上睡觉前就把第二天要做的重要的事情在脑海里过了一遍。

准时上班后，她开始打电话。先给各分公司打电话，请他们将相关材料通过电子邮件传送过来，并且告知上午不再接受他们的其他询问，下午她会给予答复，然后给客户打电话约时间、地点，将客户约见的地点安排在同学预订酒店的楼下咖啡店里。再给机场打电话，确定班机到达时间。最后给银行打电话，确定相关手续的准备材料。打完电话后，她抓紧时间写工作计划，因为前一周已经零打碎敲得差不多了，所以，很快便完成了并传给老板。中间除了几个必须接的电话外，其他工作全部暂停。她11点离开公司，顺便拿上了去银行所需的一切资料。

因为她知道飞机晚点半小时，所以，路过医院顺便看花粉过敏。从医院出来，直接到机场接同学，在酒店吃了一顿快乐的怀旧中餐，然后直接到旁边的咖啡店和客户谈事情，随后又去银行办手续，后又回到公司将上午各分公司的事务集中处理完结。1：30，接到老公打来的电话，把自己重新打扮一番，漂漂亮亮地赴约，过了一个有情调的纪念日。

从小丽和小玟对工作的处理来看，小丽没有按照事情的轻重缓急来组织和行事，所以，搞得一天既紧张又忙碌，而且工作完成得并不好；而小玟，深谙按照事情的轻重缓急来组织和行事的精髓，从容不迫地出色地完成了任务。

智慧格言

物有本末，事有终始，知所先后，则近道矣。

——《大学》

不固执己见，学会调整目标

有这样一个试验：

一位专家拿出一个一加仑的广口瓶放在桌上。随后，他取出一堆拳头大小的石块，把它们一块块地放进瓶子里，直到石块高出瓶口再也放不下为止。他问："瓶子满了吗？"所有的学生应道："满了。"

他反问："真的？"说着他从桌下取出一桶砾石，倒了一些进去，并敲击玻璃壁使砾石填满石块的间隙。"现在瓶子满了吗？"

这一次学生有些明白了，"可能还没有。"一位学生低声应道。"很好。"他伸手从桌下又拿出一桶沙子，把它慢慢倒进玻璃瓶。沙子填满了石块的所有间隙。他又一次问学生："瓶子满了吗？""没满！"学生们大声说。

然后专家拿过一壶水倒进玻璃瓶，直到水面与瓶口齐平。他望着学生："这个例子说明了什么？"

一个学生举手发言："它告诉我们：无论你的时间表多么紧凑，如果你真的再加把劲，那么你还可以干更多的事！"

"不，那还不是它真正的寓意所在。"专家说，"这个例子告诉我们，如果你不先把大石块放进瓶子里，那么你就再也无法把它们放进去了。"

人常常会被各种琐事、杂事所纠缠，有不少人由于没有掌握高效能的工作方法，而被这些事弄得筋疲力尽，心烦意乱，总是不能静下心来做最该做的事；或者是被那些看似急迫的事所蒙蔽，根本就不知道哪些是最应该做的事，结果白白浪费了大好时光。

工作可以一如既往，而目标可以随着客观形势的变化而变化，只要这种变化是积极的，就应当放下包袱，毫不犹豫地去校正它，实践新的目标。但这种校正和实践不是简单的否定，而是一种扬弃，是跨越式的进步。实践中，由于情况不断变化，即使付出同等的努力，实践的结果也不会完全一样，有时甚至完全相反。但这并不意味着原来的目标就不正确或者很落后，目标的确定和调整要慎重，且不应该做生搬硬套式的调整，一句话，目标也要与时俱进，开拓创新。

有个关于猎人的寓言，很能给人启迪：

有个猎人靠打猎为生，每次打猎前都会立下一个誓言。有一次，他听说市面上野兔价格最高，便立誓专捕野兔，好大赚一笔，但捕到的都是狐狸，他觉得这不是他要捕获的对象，最后，他只好空手而归。回来后他才知道，其实狐狸的价格比野兔还高，于是，第二次进山时，他发誓要捕狐狸，但捕到的全是野兔，结果他又无功而返。空手而归的他似乎意识到自己的失误，发誓今后要把狐狸和野兔一起捕回来，但第三次他捕到的全是貉子，还没等到第四次进山，他已在饥寒交迫中死去。

应当说，他的奋斗目标都没有错。问题在于他不能在探索中不断发现新的问题，总结新的经验，及时抓住既定工作目标之外的各种新机遇。

人生的变换也是需要全力贴近目标来实现的。但并不是说有了目标，就有了一切，因为人生多变化，新事情也会不断发生。如果我们设定的目标随着时间的变化、环境的变化或个人能力的增长、兴趣的改变使得原定的目标不适宜时，不妨换个新目标试试。

正常情况下，人们确立自己的人生目标，不过是根据当时当地的现实环境与自身某些主观愿望及其他相关条件而设定。随着现实环境的变化、自身思想感情的变化、人生阅历的增加以及其他条件的改变，人生目标有所调整便是自然的事了。有不少成功者都在人生大目标上进行过重大调整，从而使他们的人生发生了根本性改变。

一个世纪以前，美国加利福尼亚州因发现金矿而吸引了大批淘金者，有一个叫莱维·施特劳斯的犹太人却每天以失望告终。一天，莱维和一位疲惫不堪的矿工坐在一起休息，这位矿工抱怨说："唉，我们一整天拼命地挖啊挖的，裤子破了也顾不上补。这鬼地方裤子破得特别快。"

莱维眼前一亮，帆布不正是耐磨的布料吗？不久，第一条牛仔裤的前身——工装裤就这样诞生了，并从加利福尼亚州迅速推广至全国乃至全世界，莱维也由当初的贫困淘金者一跃而变成"牛仔裤大王"。

每个人都为自己的人生设计了各种各样的目标，但有相当的目标并不切实可行，或过高无法实现，或过低没有价值。此外，还有一种情况就是不会变通，观念上把目标当成永恒不变的东西，为执行而执行，从而在执行中抱残守缺、冥顽不化，错失前进中的各种机遇。

不断校正自己的人生目标，务实调整自己奋斗的方向，才能拥有永远前进的动力，使你的职业生涯始终处于一种积极向上的态势。

一个人的潜力是无穷的，一旦定下心来，本身爆发的潜能自己也会吃惊，而死钻牛角尖只会将自己推进死胡同。重新调整自己的人生目标，尽管是痛苦的，但走出了第一步，再走第二步就顺畅得多了，你会发现成功原来如此简单。

有一个80后的大学毕业生，踏入社会后屡屡受挫，怀才不遇。一次，他无意中见街头卖米线很受欢迎，便不顾别人的嘲笑，毅然开始卖米线。三年后，他的米线加盟店已在这座城市遍地开花，他在事业上获得了巨大成功。起初，他为挤进白领行列苦苦挣扎，一败涂地，而不经意间却在另一个天地大有作为。

人生漫漫，起起落落，总会有不尽如人意之处。所谓人算不如天算，总会无来由挫折横生，荆棘密布，搅你心智，乱你思绪，让你徒叹奈何，遭受天妒之苦。唯于此，在自己原先制定的目标难以达成的情况下，静下心来，作出调整，也未尝不是取胜之道。

智慧格言

既有师法，又有变通。

——刘道醇

留意细节并深入思考

人们常说，成功没有捷径。是的，对于这一点是不可否认的，任何投机取巧的行为都有可能让你被成功放逐。然而，在通往成功的诸多道路中，你可以通过观察思考找到最近的那一条。海伦·凯勒也曾经说过：“真正的盲人，并非双眼失明的人，而是那些不善思考、没有远见的人。”因此，在职场中、在工作上，你一定要留意细节，并懂得对其进行深入思考，发现解决问题的关键所在，进而把事情做到位。

某公司招聘一名业务主管，在经过几轮残酷的考核淘汰之后，应聘人数由最初的几十人变成了三个人。三位应聘者在前几轮的测试中表现都十分出色，无论学识、阅历、口才、形象都相差不多，简直不分伯仲。

最后，公司经理亲自出面挑选最后的人选，他的测试方法非常简单：在桌子上放了几张白纸和一支注满了墨水的金笔，让三位应聘者在纸上写下各自的简历。

应聘者甲坐到桌前，拧开金笔正要写字，恰好金笔漏下了一滴墨水，不偏不倚地落到了洁白的纸上。应聘者甲慌忙把滴了墨水的纸揉成一团，重新拿了一张纸写起简历来，无奈金笔依旧漏水，短短一份简历，等他写完已经用了四张纸。

应聘者乙发现金笔漏水后，从容地从西服口袋里拿出自己的笔，顺利地写完了简历。

轮到应聘者丙上场了，他发现金笔漏水后，并没有急着书写简历，而是不慌不忙地拧开金笔，小心地捏了捏金笔的储墨囊，排出储墨囊里过多的墨水。金笔不再漏水，他自然写得格外从容。

最后，经理宣布，公司决定留下应聘者丙担任业务主管。当另外两名应聘者问起他们落选的原因时，经理告诉他们：论学历，论资历，你们几乎分不出高下，但是应聘者丙愿意寻找问题的根源，并且能想办法去解决问题，从这一点上看，他要比你们高明。

在人生的竞技场上，有时候注重细节能使你得到命运之神的垂青。请记住：注重细节也是一种能力。

虽然，“细节决定成败”告诉了我们细节的重要性。但是如果只注意细节，而不对其进行深入的思考，那么这样的关注是无济于事的，更是无法将事情做到位的。再者，一个人如果不善于思考，那么无论他的学识有多么渊博、多么刻苦、多么勤奋，他都很难抓住事物中重要的细节，更不要说将事情做好了。无论是让细节为我所用，还是找准影响事物的关键细节，都需要勤于思考，只有将勤于思考作为自己做事的标准，并以此来指导自身的行为，我们才能把握事物的关键细节所在，并对该细节进行深入的思考研究，从而顺利地获得成功。

一位年轻人正在火车上观望沿途的风景。途经一片荒无人烟的山野时，包括年轻人在内的多数旅客都百无聊赖地望着窗外。

行至一个拐弯处时，火车开始减速，一座简陋的平房缓缓地进入年轻人的视野。与此同时，几乎所有乘客都睁大眼睛来“欣赏”这寂寞旅途中的独特景致，甚至有不少乘客开始议论起这座房子。年轻人没有参与议论，但是听了他人的议论后，他的心为之一动。几天后返回时，这位年轻人中途下了车，他不辞辛劳地找到当时看到的那座平房。主人说，这里每天都有火车驶过，“隆隆”声震耳欲聋，他们实在受不了这噪声了，一直都想将这房子低价卖掉，但是始终无人问津。

年轻人告诉房主说他愿意将房子买下来。于是，几天后，年轻人用3万美元买下了那座平房，他认为这房子其实是块宝。因为这座平房正好处在转弯处，火车每次行驶至此必然要减速，百无聊赖的乘客们一看到这座房子精神就会为之一振，所有的目光都聚焦在这座平房上，所有的谈资也都围绕着这座平房展开。因此，在这里做广告是再好不过的了。于是，一买下这座房子，年轻人就赶忙去联系一些大公司，向他们推荐房屋的正面是一面极好的“广告墙”。虽然也碰了不少壁，但是功夫不负有心人，年轻人的推荐终于被可口可乐公司接纳了，租赁合同签了下来，在三年租期内，可口可乐公司支付给年轻人18万美元的租金。

如果是你看到这座房屋，你会想到什么呢？是否也像车厢中的其他多数乘客那样眼前一亮而后议论纷纷？如果你是房子的主人，你是否也像那个房主那样只知道这座房子的位置太差，因难以忍受火车的噪声而急于低价出售呢？是的，大多数人都会这样，但是故事中的那位年轻人却与大多数人不同，他对自己遇到的小事情进行深入思考，并及时地发现“在火车转弯处乘客都会张望和议论他们看到的那所房子”这一关键细节，并由此联想到如果在此处做广告，就一定会引起众多人的注目，于是他挖掘了那所“车上乘客只是议论，房子主人只是因为房子位置不好而急于低价出手”的房子潜在的商机——做广告。结果，一个本来可能是一穷二白的年轻人，瞬间跻身于有钱者的行列。可见，做任何事情，都要紧抓每件事的细节，并思考出其中的重要价值和意义，这样就能够较容易地获得发展的机会和成就。

因为对一个从树上掉下来的苹果的思考，牛顿发现了万有引力；因为对蒸汽将壶盖顶起的思考，瓦特发明了蒸汽机，从而带来了一场改变世界的工业革命。诸多的事实证明，留意事情的细节并对其进行深入的思考，往往能够为你的事业成功添加砝码。

人们常说“三思而后行”，也是告诉众人在行动之前首先要进行深入思考，这同样适用于事物或事情的细节方面，因为，对事物或事情细节之处的思考会使我们更容易准确地抓住解决问题的关键所在，这样做起事来往往能够达到事半功倍的效果，而这也恰恰是做事做到位的体现。

智慧格言

智力取消了命运，只要一个人在思考，他就是自主的。

——爱默生

第三章
想做好事，要付诸行动而不做口头派

迎难而上，主动出击

福特汽车公司是美国创立最早、最大的汽车公司之一。1956 年，该公司推出了一款新车。尽管这款汽车式样、功能都很好，价钱也不贵，但奇怪的是销路平平，和当初设想的情况完全相反。

公司的管理人员急得像热锅上的蚂蚁，绞尽脑汁也找不到让产品畅销的方法。这时，在福特汽车公司里，有一位刚刚毕业的大学生，对这个问题产生了浓厚的兴趣。他就是艾柯卡。

当时艾柯卡是福特汽车公司的一位见习工程师，本来与汽车的销售毫无关系；但是，公司老总因为这款新车滞销而着急的神情，深深地印在他的脑海让他开始不停地琢磨：

“我能不能想办法让这款汽车畅销起来呢？”

有一天，艾柯卡向总经理提出了一个自己想出的方法。他说：“我们应该在报上登广告，内容为‘花56美元买一辆56型福特’，这个创意的具体做法是：买一辆1956年生产的福特汽车，只需先付20%的货款，余下部分可按每月付56美元的办法逐步付清。”

他的建议得到了采纳。结果，这一办法十分有效，“花56元买一辆56型福特”的广告引起了人们极大的兴趣。

“花56美元买一辆56型福特”的这种宣传，不但打消了很多人对车价的顾虑，还给人留下了“每个月才花56美元就可以买辆车，实在是太合算了”的印象。

奇迹就在这样一句简单的广告词中产生了：短短的3个月，该款汽车在费城地区的销售量，从原来的末位一跃成为冠军。这位年轻的工程师也很快受到了公司赏识，总部将他调到华盛顿，并委任他为地区经理。

后来，艾柯卡根据公司的发展趋势，不断地推出一系列富有创意的方法，最终脱颖而出，坐上了福特公司总裁的宝座。

日常工作中常常有这样两种人：一种是遇见困难避而远之的人；另一种则是迎难而上，主动去寻求方法的人。主动去寻找方法解决问题的人，是职场中的稀有资源，更是经济社会的珍宝。

从艾柯卡身上我们能够看出：在工作中主动去想办法解决问题的人最容易脱颖而出！也最容易得到公司的认可。

在美国，年轻的铁路邮务生佛尔，曾经和许多其他的邮务生一样，都用陈旧的方法分发信件。这样做的结果，往往使许多信件被耽误几天或更长的时间。佛尔不满意这种现状，很快他发明了一种把信件集合寄递的方法，极大地提高了信件的投递速度。

佛尔升迁了，5年后，他成了邮务局帮办，接着当上了总办，最后升任为美国电话电报公司的总经理。

当很多人认为工作只需要按部就班做下去的时候，一部分人会去主动寻找更有效的方法，将问题解决得更好！同时也正因为他们善于主动地寻找方法，所以也常常容易得到认可，容易获得成功！

我们再来看一个更精彩的故事：

1793年，守卫土伦城的法国军队叛乱。叛军在英国军队的援助下，将土伦城护卫得像铜墙铁壁。土伦城四面环水，且有三面是深水区。英国军舰就在水面上巡弋着，只要前来攻城的法军一靠近，就猛烈开火。法军的军舰远远不如英军的军舰，根本无计可施，以至前来平息这次叛乱的法国军队怎么也攻不下。法军指挥官急得团团转。

就在这时，在平息叛乱的队伍中，一位年仅24岁的炮兵上尉灵机一动，当即用笔写下一张纸条，交给指挥官："将军阁下：请急调100艘巨型木舰，装上陆战用的火炮代替舰炮，拦腰轰击英国军舰，以劣胜优！"指挥官一看，连连称妙，赶快照办。

果然，这种"新式武器"一调来，英国舰艇无法阻挡。

仅仅两天时间，原来把土伦城护卫得严严实实的英军舰艇被轰得七零八落，不得不狼狈逃走。叛军见状，很快也缴械投降。

经历这一事件后，这位年轻的上尉被提升为炮兵准将。

你知道这位上尉是谁吗？他就是后来威震世界的军事天才拿破仑！

像很多成功的人一样，拿破仑的成功，就在于他遇到问题时主动去想办法，抓住解决问题的关键，最终走上了人生巅峰！

正是有了这样的新起点，才会有更大的舞台，才能吸引更多的人向自己看齐，才有更多的资源向自己汇集，才能迈向更大的成功。所以，迎难而上，主动出击，成功的概率才会变大。

智慧格言

最困难的时候，也就是离成功不远的时候。

——拿破仑

做的多一点，机会多一些

有一个人向一位思想家请教：“您成为一位伟大的思想家，您认为成功的关键是什么？”思想家告诉他：“多思多想！”这人听了思想家的话，仿佛很有收获。回家后就躺在床上，两眼直直地望着天花板，一动不动地开始“多思多想”。一个月后，这人的妻子跑来找思想家：“求您去看看我丈夫吧，他从您这儿回去后，就像中了魔一样躺在床上一动也不动。”

思想家跟着那人的妻子来到他们家一看，只见那人已变得骨瘦如柴了。那人见到思想家来了，便挣扎着爬起来问：“我每天除了吃饭，一直都在思考。您看我离伟大的思想家还有多远？”思想家问：“那你整天都思考了些什么呢？那人道：“想的东西太多，头脑都快装不下了。”思想家道：“我看你脑袋上除了长满了头发，收获的全是垃圾！“垃圾？”“只想不做的人，只能生产思想垃圾。”思想家答道。

成功不是一句空话，更不是什么口号，而是实实在在的行动。没有行动，成功仅是停留在幻想阶段。成功源于踏踏实实的行动。这是不容置疑的真理。一个人要想得到发展，除了能干、会干外，但更重要的还要会行动。

世界上很多人光说不做，总在犹豫，也有不少人只做不说，总在耕耘。成功与收获总是光顾那些有了成功的方法并付诸行动的人。其实，人生旅途中处处有机会，如果你没有抓住它，任由自己犹豫、推托，那它就会悄悄溜走，稍纵即逝。与其放掉它再去后悔，不如开始的时候就牢牢地抓住它。如果你希望获得成功，那就不要错失良机。

机会就像一道转个不停的旋转门，当转到你面前时，你应该立即踏进门内，否则就只能等待命运之门下一次再转到你面前。然而虽然旋转门还可以转回来，但改变我们命运的机会却未必能再次降临，所为“机不可失，失不再来”正是如此。

我们都知道，机会总是青睐有准备的人，在1977年国家恢复高考的那年，各省自行命题，相对来讲，考取的机会要多，一些年轻人很快抓住了这个机会，突击复习中学的课程，最终考上了大学，改变了自己的人生轨迹。有位“文革”前只上过初中一年级的年轻人，从来没有学过化学课，就连元素符号都不认识，高考时，化学竟然考了76分，是各门考试科目中成绩最高的，被一所本科大学录取，毕业后被分配到某研究所工作，退休后又被以专家身份返聘至今。

从他身上我们不难看出，人要想改变自己的境遇，就要勇于突破自己的极限，抓住机遇努力拼搏，这样才会有将“不可能”变为“可能”的情况发生。

一天晚上有个人碰到一个神仙，神仙告诉他，有大事要发生在他身上了，他会有机会得到很大的一笔财富，在社会上获得卓越的地位，并且娶到一个漂亮的妻子。这个人终其一生都在等待这个奇异的承诺，可是什么事也没发生。

他穷困地度过了一生，最后孤独地老死。当他死后，他又看见了那个神仙，他对神仙说:“你说过要给我财富、很高的社会地位和漂亮的妻子，我等了一辈子，却什么也没有。”

神仙回答他：“我没说过那种话。我只承诺过要给你机会让你得到财富，让你成为一个受人尊重、社会地位很高的人，让你得到一个漂亮的妻子，可是你让这些机会从你身边溜走了。”

这个人迷惑了，他说：“我不明白你的意思。”神仙回答道：“你记得吗？你曾经想到一个好点子，可是你没有行动，因为你怕失败而不敢去尝试？”这个人点点头。

神仙继续说：“因为你没有去行动，这个点子几年以后被另外一个人想到了，那个人义无反顾地去做了，他后来变成了全国最有钱的人。还有，你应该还记得，有一次发生了大地震，城里大半的房子都毁了，好几千人被困在坍塌的房子里。你有机会去帮忙拯救那些存活的人，可是你怕小偷会趁你不在家的时候，到你家里去打劫偷东西，你以这作为借口，故意忽视那些需要你帮助的人，而只是守着自己的房子。”这个人不好意思地点点头。神仙说：“那是你去拯救几百个人的好机会，而那个机会可以使你在城里得到多大的尊崇和荣耀啊！”

“还有，”神仙继续说，“你记不记得有一个头发乌黑的漂亮女子，你曾经非常强烈地被她吸引，你从来不曾这么喜欢过一个女人，之后也没有再碰到过像她这么好的女人。可是你想她不可能会喜欢你，更不可能会答应跟你结婚，你因为害怕被拒绝，就让她从你身旁溜走了。”

这个人又点点头，这时他流下了眼泪。

神仙说：“我的朋友啊，就是她！她本来该是你的妻子，你们会有好几个漂亮的小孩，而且跟她在一起，你的人生将会有许许多多的快乐。”

就像故事中的人那样，有很多人因为害怕而错失了良机，丢掉了获得美好工作、过上幸福生活、拥有爱情的机会。而机会总是会偏爱那些有心人，它只会留意那些懂得追求它的人，若你终日无所事事，一遇逆境就深感悲观，那么，机会一定会在你不注意的时候溜走。“美辰良机等不来，艰苦奋斗人胜天。”如果自己不去创造机会，那么就很可能被社会埋没了，把握机会，寻求机会对我们的人生是十分重要的，我们要时时刻刻睁大双眼，一旦发现机会，就要及时、勇敢地去抓住它。

一个人，只有采取了积极的行动才能带来积极的效果。成功之旅，就像是砍伐一棵大树，你无数次地挥舞斧头，每次看见的是一点点进展。看起来，似乎只有最后一击才让大树轰然倒下，但这是因为有了之前的成百上千次挥舞斧头，大树才能被砍倒。每次挥舞斧头，无论它当时的效果看上去是多么的微不足道，在整个过程中都是重要的。

智慧格言

行动，只有行动，才能决定价值。

——约翰·菲希特

量力而行，不做无用功

一位登山队员，参加攀登珠穆朗玛峰活动时，因为体力不支，在登到 8000 米高度时，便停了下来。后来他向人讲起这件事，人们都替他惋惜，为什么不坚持下去？为什么不再攀高一点？为什么不咬紧牙关？“不。我自己最清楚，8000 米是我攀登的最高点，我一点也不遗憾。”

量力而行，就是从实际出发，全面地认识自己，客观地评判自己，按照自己真实的力量为人处世。打肿脸充胖了，只能白白浪费时间，做无用功。

一位武术大师隐居于山林中。人们都千里迢迢来跟他学武。

人们到达深山的时候，发现大师正从山谷里挑水。他挑得不多，两只木桶里水都没有装满。

人们不解地问：“大师，这是什么道理？”

大师说：“挑水之道并不在于挑得多，而在于挑得够用。一味贪多，适得其反。”

众人越发不解。

大师笑道：“你们看这个桶。”

众人看去，桶里画了一条线。大师说：“这条线是底线，水绝对不能超过这条线，否则就超过了自己的能力和需要。开始还需要画一条线，挑的次数多了以后就不用看那条线了，凭感觉就知道是多是少。这条线可以提醒我们，凡事要尽力而为，也要量力而行。”

量力而行的核心在“量”，关键在“实”，体现的是一种科学精神。“量”的过程，就是认识事物、分析问题、提出对策的过程，与此同时认识事物要全面客观，分析问题要实事求是，对策措施要有可操作性，只有这样的“量”，才能显“实”，也方能“准”。只有力量准了，才能制定规划，执行任务，从而做到有的放矢，不做任何无用功。

蚂蚁缘槐是一个典故。说的是吴楚游侠之士淳于芬，一日醉卧，被二紫衣人导往大槐安国，招为驸马，任南柯郡太守二十年，显赫一时。醒来才知是一梦，饮客尚未去，斜阳仍在墙上。接着寻其梦中之国，方知为古槐树下的一个大蚁穴。所谓南柯郡，亦不过是槐树南枝上的一个小蚁穴而已。

这个典故通过梦境反映了蚂蚁缘槐安国的自不量力，成为世人的笑柄。如果我们做到量力而行，虽然不能保证一定可以实现自己的理想，但可以保证的是，若我们不这样做，一定不会实现自己的理想。

在长跑赛场上，我们时常看到这样的情景：有的人一路遥遥领先；有的人最初一直保持在中游之列，最后却遥遥领先；有的人起先一直保持遥遥领先，最终却没有取得名次……之所以会出现这些情况，是因为他们的身体素质有差异，经验丰富的教练会告诉运动员，如何根据自身特点和路程的长短来安排速度；如何才能节省时间而又达到预想的效果。尚未到达终点就已经累得筋疲力尽或到达终点仍余勇可贾的安排均为不科学的，科学的安排是力量随着路程的不断缩减而适当地进行耗竭，在即将到达终点的时候力量也恰好将近用完。

正如赛跑一样，学习也要量力而行。在现实生活中，青少年没有量力而行的表现主要有以下两种：

1.没有充分挖掘、利用自己的潜能。有些同学智力条件极好，身体状况也不错，同时精力也比较充沛。但是，学习目标制订得比较低，学习不求掌握得十分牢固，只求过得去就行，一旦完成作业，就把大量的时间用在与学习毫不相干的事情上。从某种意义而言，这实际上是对自己的一种不负责任，是在浪费自己的生命。

2.勉强自己之所难。一部分父母对孩子期望过高，无形中给孩子造成的压力过大。可怜天下父母心，每一个父母都是望子成龙、望女成凤，不论孩子的先天条件如何，均希望自己的孩子长大以后能够当一名科学家、政治家、企业家等，但却很少有人能从孩子的自身情况出发。作为青少年，他们不愿辜负家长的殷切期望，于是试图通过以体力相拼、延长学习时间来提高学习成绩，结果整天使自己处于超负荷运转之中，严重缺乏睡眠，久而久之，造成疲劳积累，进而学习效率低下，睡眠质量不好，身体虚弱，神经衰弱，学习成绩并没有得到提高，还浪费了大量时间，做的也是无用功。

在学习方面，量力而行的原则是满负荷地进行学习，既能充分发挥自己的学习潜能，又不至于劳累过度，这就要求每一个人根据自己不同时期的身心状况灵活地安排学习任务。

在身体素质方面，量力而行原则要求每一个人根据自己的身体状况及其外界环境的状况，有选择地参加体育活动。在不断的活动中，根据自身的反应，调整运动强度与运动量，有计划、有目的地进行体育锻炼。

在成功的道路上，如果你确定了至少三种以上的目标，那么，最佳的选择往往不是最绚丽最诱人的那一个，而是离你最近、最容易实现的那一个。

智慧格言

量力而动，其过鲜矣。

——左丘明

全力以赴，发挥最大潜力

做事全力以赴能够收到的效果往往比尽力而为更好，因为做事全力以赴常常能够激发人内在的潜能，使人更具进取心和拼搏精神。

一天猎人带着猎狗去打猎，猎人一枪击中了一只麋鹿的后腿，受伤的麋鹿开始拼命奔跑，猎狗在猎人的指挥下也是飞奔出去追赶麋鹿，可是追着追着，麋鹿不见了。猎狗只好回到猎人身边，猎人开始骂猎狗了："你真没用，连一只受伤的麋鹿都追不到。"猎狗听了很不以为然地回道："我尽力而为了呀！"

再说麋鹿带伤终于跑到了安全地带，她的姐妹们都围过来惊讶地问她："那只猎狗很凶，你受了伤，怎么跑得过它呢？""它是尽力而为，我是全力以赴，它没追上我，最多挨一顿骂，而我若不全力以赴就没命了。"

全力以赴好像有一种神奇的魔力，似明灯，指引人不断成功；如桥梁，人总是通过它来达到自己的目标。有志向的仁人志士无不是通过全力以赴来到达成功的彼岸的。

全力以赴是高调做事的表现，凭借它，你才会不畏惧挑战和挫折，恒久地追求生命最为美好的未来，直到获得最后的成功。

故事中的麋鹿也正是凭借这一点，才摆脱了猎狗的追逐，从而脱离了险境。

下面这个故事，或许能让你看到全力以赴地去做事情究竟会给人带来怎样的好结果：

有个女孩很少锻炼身体，所以剧烈运动后的她总会气喘吁吁、胸口发闷，浑身不舒服。当朋友告诉她学校定了个新"制度"——要求全体师生每天跑步800米后，她便多了份忧虑与不安，她害怕自己会半途倒下。然而，她并不想放弃，不服输的个性让她决定接受这个挑战。

刚开始练习的时候，女孩坚持将800米跑完，尽管这对于她来说并不容易。在途中，女孩只知道使劲向前跑着，她很努力地跑着，但速度却很慢很慢，与前面的同学总有着相当大的差距。她无助、她痛苦，但她是不会服输的。为了那个小小的信念，她全力以赴地跑着。

长跑后的她如同生了一场大病似的，脸色苍白如纸，腿也软，眼也花，脚也不听使唤。但是女孩还是欣慰地笑了，因为她胜利了。她认为，只要全力以赴做过了，虽然不一定会到达完美，但是尽力了，努力了，就是一位胜利者。

从此，她不再将运动当成痛苦的事，而会乐在其中地做一名运动者。在秋季的长跑比赛即将举行的时候，女孩欣然地参加了比赛，因为这次她决定挑战自己。第一圈，女孩很轻松地跑完了，此时她是第二名。第二圈，肌肉开始剧烈地疼痛，头晕眼花，但她还是不放弃。眼看后面的人一个个都快追上来了，她开始担心，于是，加快自己的脚步，但是还是落后了一名，最终得了第三名。尽管如此，女孩还是很开心。从害怕长跑到乐意长跑，从可能是倒数第一到正数第三名，女孩已经很欣慰、很开心了。因为她真的已经全力以赴了，已经成功了。

事例中的女孩，最初练习跑步的时候，害怕长跑，但经过一段时间全力以赴的练习之后，她不仅喜欢上了长跑，而且在秋季长跑比赛中获得了第三名。可见，要想取得成功，要想有所收获，是离不开全力以赴的精神的。

全力以赴的精神能够让人最大限度地发挥自己的潜能。是全力以赴让人克服了困难，经受住了考验；是全力以赴磨砺了人的意志，让人拥有蒲草般的韧性；是全力以赴让人走向了成功的道路。正如冰心在《繁星》中所说的：“成功的花，人们只惊羡她现时的明艳！然而当初她的芽儿，浸透了奋斗的泪泉，洒遍了牺牲的血雨。”是啊，做事全力以赴的人，在获得“现时的明艳”的时候，的确“浸透了奋斗的泪泉”，承受了一定的艰辛，然而若没有这“奋斗的泪泉”又何以有“现时的明艳”？所以，不要畏惧艰难险阻，全力以赴去追求自己的梦想，终有一天你会获得“成功的花”。

杰克在一家国际贸易公司上班，他很不满意自己的工作，愤愤地对朋友说：“我的老板一点儿也不把我放在眼里，每次开会、聚会都无视我的存在，但是做苦力跑腿的时候却找到了我。跟这样不爱惜人才的老板工作，太没劲了。真想拍桌子辞职不干了。”

“你对公司的业务完全弄清楚了吗？对于他们做国际贸易的窍门都搞懂了吗？”他的朋友反问。

“没有！”

“要想走，也能够，我建议你好好把公司的贸易技巧、商业文书和公司的运营搞通，甚至如何修理复印机的小故障都学会，然后再辞职不干。”朋友说，“你能够把他们的公司当作免费学习的地方，什么东西都学会了之后，再一走了之，这样不是既有收获又出气了吗？”

杰克听从了朋友的推荐，从此便默记偷学，下班之后也留在办公室研究商业文书。

一年之后，朋友问他：“你此刻许多东西都学会了，能够准备拍桌子不干了吧？”

“但是，我发现近半年，老板对我刮目相看了，对我不断委以重任，又升官又加薪，我此刻是公司的红人了！”

“这是我早就料到的。当初老板不重视你，是因为你的潜质不足，你却不发奋学习；而后你经过发奋，潜质不断提高，老板当然会对你刮目相看了。”朋友笑着说，“只有全力以赴、尽职尽责地做好目前的工作，才能使自己的价值渐渐地提升。”

任何人的一生都不可能全是锦绣鲜花、一帆风顺，更多的时候是在曲折、坎坷或充满变数的道路上前行。是什么能够像旗帜、罗盘和精神支柱那样，在人们遭遇坎坷、穿过泥泞的时候给人指引前行的方向和给予人前行的力量？答案就是：全力以赴去奋斗，做好自己所做的每一件事情。

智慧格言

要有自信，然后全力以赴，假如具有这种观念，任何事情十之八九都能成功。

——威尔逊

想办法，勤实践

人们对于越是轻易可以得到的东西，就越不知道珍惜，甚至把宝物看成废物。宝物放错地方成废物，废物放对了地方成宝物。

事实上，这个世界从来就不缺少成功的机会，真正缺少的，是发现机遇的敏锐眼睛和把握机遇的睿智心灵。成功只青睐有准备的人，成功也只青睐有胆量的人。对于没有准备好的人来说，它根本就不是机遇，即使你看得到它，你也抓不住它。对于胆怯的人来说，机会来了不敢去抓住它，等你鼓起勇气时，早已错过了时机。所以成功的人们总是敢于出手，不放过任何一个机会。

如果说对成功的追求是一种信念，那么对机遇的发现和把握则是一种本领。

富商里奥赛和他的朋友兰迪一起来到一座城市，里奥赛对兰迪说："你知道吗，这座城市曾经救过我年轻的生命。那一年我从这里路过，突然急病发作，昏倒在路旁。是这座城市里最善良的人们把我背到医院，又是这座城市里最高明的医生为我治好了病。我不知道谁是我的救命恩人，因为他们都没有留下自己的姓名。后来我离开了这座城市，随着财富的增加，我越来越思念这座城市，越来越想报答我的救命恩人。"

"那么，你准备为这座城市做点什么呢？"

“把我最珍贵的三颗宝石，奉送给这里最善良的人们。”

他们在这座城市里住了下来。第二天，里奥赛就在自己门口摆了一个小摊，上面摆着3颗闪闪发光的宝石。里奥赛还在摊位上写了一张告示：“我愿将这3颗珍贵的宝石无偿送给善良的人们。”可是，过往的行人只是驻足观望了一会儿，然后又各走各的路去了。

整整一天过去了，3颗宝石无人问津。

整整两天过去了，3颗宝石仍遭冷落。

整整三天过去了，3颗宝石还是寂寞无主。

里奥赛大惑不解，兰迪笑了笑说：“让我来做一个实验吧。”

于是，兰迪找来一根稻草，将它装在一个精美的玻璃盒里。盒中铺上红丝绒布，标签上写着：“稻草一根，售价1万美元。”

此举一出，立刻产生轰动效应。人们争先恐后地前来询问稻草的非凡来历。兰迪说此稻草乃某国国王所赠，系王室家中传家之物，保佑着主人的荣华富贵，结果，此稻草被人以8000美元买去。而那3颗宝石却依然在那里寂寞地守望幸运的眼睛。

3颗宝石熠熠发光，而在人们眼中，只是把它们当作假货，当作哄小孩子的东西而已。事后，兰迪对里奥赛说：“人们总是对难以到手的东西垂涎三尺，哪怕它只是一根稻草。”

很多时候成功的机会真的就在我们左右，而我们却视而不见、充耳不闻，我们在等什么呢？等待一个从天而降的大馅饼吗？如果是那样的话，所有人都看到了，你还能安享其味吗？你我都明白宝石比馅饼比稻草珍贵得多，但同样是自诩聪明的你我，放着宝石不搭不理，打起十二分的热情去追捧稻草。

机遇给我们出的第一个难题就是如何去发现它，而这个过程也并非像在沙漠中发现绿洲那么激动人心，也正因如此，我们麻木、我们慵懒、我们不再敏锐，白白浪费掉身边的宝石。

年轻的洛克菲勒刚进入石油公司工作时，由于学历不高，又没有什么技术，因此被分派巡视并确认石油罐有没有自动焊接好。这是石油公司最简单的工作岗位，连一个小孩子都能胜任。

每天，洛克菲勒眼盯着焊接剂自动滴下，沿着石油罐盖转圈，看自动输送带把石油罐移走。工作简单又枯燥，没干几天，洛克菲勒就有些厌倦了。但由于找不到更好的工作，洛克菲勒决定安下心来，把眼前的工作做好。于是，他更加认真地观察、检查石油罐的焊接质量。当时公司正在推行节约计划，洛克菲勒想，我这项工作是不是也可以节约一些成本呢？

他发现每焊好一个石油罐，焊滴剂要落39滴；而经过周密计算，只要37滴就可以焊好了。但是，这个方法却不实用。

洛克菲勒没有灰心，而是更加深入地进行研究。经过多次测试，他终于研制出“38滴型”焊接机。也就是说，使用这种焊接机，每次可以节约1滴焊接剂。尽管节约的只是1滴焊接剂，可一年下来，“38滴型”焊接机为公司节省了500万美元的开支。

那39滴焊接剂滴在公司每个人的眼里，却只滴在洛克菲勒一个人的心里。就是这么一滴不值一提的焊接剂，改变了洛克菲勒的一生。

其实，现实生活中，无论是多么微不足道的小事，只要用心做下去，都会有意想不到的收获。人的成功需要机缘，也需要播种，而且好的机缘也正由于播种而获得。“世界发明之王”爱迪生有句名言:“机会被大多数人错过了，因为它穿着工作裤，看起来像工作。”钢铁大王卡内基也说过:“机遇是自己努力造成的。任何人都有机会，只是有些人不善于创造机遇罢了。”

美国标准石油公司有一位小职员，名叫阿基勃特。他外出住旅馆时，总是习惯性地在自己签名的下方，写上“标准石油每桶4美元”的字样，在书信及收据上也不例外，总之，只要签了名就一定得写上那几个字。因此，他被同事们叫作“每桶4美元”。

公司董事长知道这件事后非常感慨：竟有职员如此努力宣扬公司声誉，我要见见他。不久，阿基勃特成了董事长的特别助理。后来董事长卸任，阿基勃特成了标准石油公司的第二任董事长。

那么简单的几个字，有谁不会写呢？而当阿基勃特成了董事长之后，恐怕还有许多同事在感叹自己怀才不遇吧。

在许多人眼里，成功恍若名山深处的灵芝，珍贵而神奇。他们历经艰辛地踏遍青山努力寻找，最终却一无所获。殊不知，成功就如野花，星星点点地开在他们必经的路旁。因为普通，因为卑微，有多少人一路走过而对野花视而不见呢？

对于聪明人来说，不仅速度比能力更重要，而且为了让自己更有胜算，他们总是把功夫用在平时，把一切都练熟了，等到关键时刻就可以大显身手。对于他们来说，根本就没有什么错过不错过的问题，因为他们从不出错，一切都在掌握之中。

在汤姆·布兰德里20岁进入汽车厂的时候，就想在这个地方成就一番事业，但是和其他年轻人不一样的是，他不仅抱着学习的态度工作，更抱着检验自己的态度而工作。他常常想，如果每一个工人在负责自己的工作的时候，都能以最严格的要求来管束自己，不仅一次做好，更要一次做到最好，那么工厂的生产流程会顺畅许多，质量也会精益求精。所以无论是曾经接触过的流程，还是新的项目，他都会在做之前认真地向有经验的工人请教，争取一次做好，绝不返工。

就这样，他从最基层的工作干起。在几年的时间里，他几乎先后在工厂的每个部门都工作过一遍。这一方面说明了他积极主动，肯于吃苦耐劳。更关键的是，他做什么事情几乎都能“一次做好”，领导遇到了这样的人才，还能不放心把他放到各个地方去锻炼吗？

汤姆在基层一待就是5年。汤姆的父亲对儿子的举动十分不解，他质问汤姆："你工作已经5年了，总是做些焊接、刷漆、制造零件的小事，恐怕会耽误前途吧？"

"爸爸，你不明白。"汤姆笑着说，"我并不急于当某一部门的小工头。我以整个工厂为工作的目标，所以必须花点时间了解整个工作流程。我是将现有的时间做最有价值的利用。我要学的，不仅仅是一个汽车椅垫如何做，而是整辆汽车是如何制造的。更重要的事，在这些平凡的小事上面，这些更能考验我的耐力、能力以及潜力。每一次我都会要求自己一次做好，并且做到最好。这样，在日复一日小事的锻炼上，我练就的是扎实的基本功啊。"

当汤姆晋升到管理岗位上时，曾经和他工作过的工人们也有了新的变化：他们在汤姆甘于做小事，并且什么事都力争一次做好、绝不留下隐患、绝不拖延的工作风格的熏陶下，也愈加严格地要求自己。再加上汤姆作为管理者的严格要求，次品率下降，质量逐渐提升，工厂欣欣向荣。

是技术上改进了吗？是引进了先进的设备吗？都不是。原因就在于每一个人，如果他们都能严格要求自己，一次做到最好，绝不留有返工、重来的机会，那么自然效率就快了，质量也提升许多。

抓住时机，绝不出错，则体现的是稳扎稳打的踏实精神。如果能将这两种精神结合起来，那么你就会战无不胜，获得成功。

至尊宝的爱情誓言现在已经泛滥得恶俗不已，但是它之所以被很多人接受喜欢并且奉若圭臬就在于这句深情的表白蕴含了关于机遇最基本的感悟——“曾经有一段真挚的爱情摆在我的面前，我没有去珍惜，直到失去的时候，我才追悔莫及，如果上天可以给我再来一次机会的话，我会对那个女孩子说三个字……”

有多少爱可以重来，又有多少成功的机会就摆在我们面前而我们却视而不见呢？机不可失，时不再来。成功也是如此，如果你错过了一个选择、错过了一个时机、错过了一个机会，那么就可能永远也等不到第二次了。如果你不想后悔，那么就不要错过。

智慧格言

好花盛开，就该尽先摘，莫待美景难再，否则一瞬间，它就要凋零萎谢，落在尘埃。

——莎士比亚

毫不犹豫地去执行

有句话是这样说的：做事犹豫就等于对自己不利。生活中很多时候我们都会面临一些选择，当这些问题难以取舍的时候，慎重考虑当然是必要的，但是不能犹豫不决。权衡利弊之后应当尽快地决定，犹豫徘徊，患得患失，最后的结果只会是错过了最好的机遇。

机遇通常会在你犹豫的片刻悄悄地消失，当机遇消失时，那么你所有的犹豫都变成了无谓的思量，浪费了宝贵的时间。

有些人过于理智，考虑问题比较全面，好坏两方面的因素都计算得比较清楚，但往往等他做出正确选择的时候，机会已经擦身而过。

印度有一位哲学家，饱读经书，富有才情，很多女人迷恋他，一天，一个女子来敲他的门，说："让我做你的妻子吧！错过我你将再也找不到比我更爱你的女人了！"哲学家虽然也很喜欢她，却回答说："让我考虑考虑！"

哲学家用一贯研究学问的精神，将结婚和不结婚的好坏所在分别罗列下来，却发现两种选择好坏均等，真不知该怎么办。于是，他陷入长期的苦恼之中，无论又找出了什么新的理由，都只是徒增选择的困难。

最后，他得出一个结论——一个人在面临抉择而无法取舍的时候，应该选择自己尚未经历过的那一个。不结婚的处境我是清楚的，但结婚会是个怎样的情况，我还不知道。对！我该答应那个女人的央求。

哲学家来到女人的家中，问女人的父亲："你的女儿呢？请你告诉她，我考虑清楚了，我决定娶她为妻！"女人的父亲冷漠地回答："你来晚了 10 年，我女儿现在已经是 3 个孩子的妈了！"

哲学家听了，几乎崩溃。他万万没有想到，向来引以为傲的哲学头脑，最后换来的竟然是一场悔恨。而后两年，哲学家抑郁成疾。临终前，他将自己所有的著作丢入火堆，只留下一句对人生的批注——如果将人生一分为二，那么我们前半段人生哲学应该是“不犹豫”，而后半段的人生哲学应该是“不后悔”。

这则故事寓意很明确，在生活中不论要干什么，都要把握住适当的分寸和尺度，所谓“该出手时就出手”。有时候，错过了一个机会，就失去了一生的幸福。

安德鲁说：“做事应当考虑，但时机既至，须即动手，切莫犹豫。”莎士比亚说：“人若神经紧张，说东道西，就会犹豫不定，反把事情耽误了。耽误的结果是叫人丧志乞怜，寸步难移。”这么多名人的话语，时时刻刻为我们敲响着警钟。

在处理事情的时候，有很多人常会出现这样的情况：手头大堆的事情要处理，先处理这件，还是那件？时间就在他们的犹犹豫豫间白白浪费了。

犹豫，表达了人们在选择时内心的思量和考虑。思量，就是权衡得失的过程，当我们必须要做出一种选择时，内心总有几种声音在较量着，一种声音在告诉我们自己，做了选择将会获取什么好处；另一种声音又在告诫自己，做了选择将会得到哪些害处；一种声音在传达不做选择，可以保持哪些既得的利益；另一种声音在警示不做选择，将会失去哪些获益的机会……在犹豫不决中让我们变得脆弱，在告诫和警示中徘徊不前，时间，就这样悄悄地流走了。

当你在犹豫时，很矛盾的心态会让你陷入强烈的内心冲突；当你踌躇不前时，应该认真地想一想是一开始就应该放弃呢？还是坚持下去呢？如果不放弃，又该怎样调整自己的心态呢？所以在做决定之前，先要问问自己想要的究竟是什么，在内心的天平上掂一下轻重。无论天平倾向哪一边，一定得在尽量短的时间内做出明确的决定，否则，内心矛盾被自己强行“搁置”，结果出现的过错可能会永远无法弥补。

有一个6岁的小男孩，一天在外面玩耍时，看到一个鸟巢被风从树上吹掉在地，从里面滚出了一只嗷嗷待哺的小麻雀。小男孩决定把它带回家喂养。当他托着鸟巢走到家门口的时候，他突然想起妈妈不允许他在家里养小动物。于是，他轻轻地把小麻雀放在门口，急忙走进屋去请求妈妈。在他的哀求下妈妈终于破例答应了。小男孩兴奋地跑到门口，不料小麻雀已经不见了，他看见一只黑猫正在意犹未尽地舔着嘴巴，原来小麻雀已经成了黑猫的美餐。小男孩为此伤心了很久，但从此他也记住了一个教训：只要是自己认定的事情，决不可优柔寡断。小男孩长大后一直遵循着这个做事原则，最终成就了一番事业，他就是华裔电脑名人——王安博士。

在面对生活中的选择时，怎样才能摆脱犹豫呢？首先，要知道“众口难调”的道理，暂时抛弃你的“完美主义”，抱着一种“豁出去”的心态，把害怕惩罚或是被别人抱怨的想法放下，尽自己最大的努力去做就可以了。

其次，学会利用榜样的力量。选择一个你认为堪称成功和能拿主意的人，每当要做决定的时候，就想一想，如果是他，会怎么做。只有调整心态，不为自己找借口、找理由，去除畏难、逃避的心理，才能取得成功。能否摆脱犹豫，就看你有没有勇气去尝试了。

富兰克林说："从事一项事情，先要决定志向，志向决定之后就要全力以赴毫不犹豫地去实行。"犹豫心理是缺乏勇气、主见、自卑心理和意志薄弱的表现。很多人之所以一事无成，最大的毛病就是缺乏决断的心态，总是左顾右盼、思前想后，从而错失成功的最佳时机。成大事者在看到事情的成功可能到来时，敢于做出重大决断，因此取得先机。

智慧格言

世上没有一个伟大的业绩是由事事都求稳操胜券的犹豫不决者创造的。

——爱略特

脚踏实地，切勿眼高手低

我们常可以见到这样一类人，他们聪明伶俐，性格随和，多才多艺，人缘很好，但做事不专一，三天打鱼两天晒网，事事不精，总是承诺得很好，做起事来却让人很不放心。还有一类人，性格尖锐，眼光挑剔，说起话来一针见血很令人佩服，但是做起事情来缺乏能力，容易半途而废，与预期效果相差甚远。这两类人，导致失败的原因都是因为——眼高手低。

眼高手低这事儿究竟有多严重呢？

有一位朋友，从小热爱画画，一心想做漫画家。大学时，因为毕业设计而画了几张作品，自认为不错，就拿着它们到处投稿，谁知道只有一家小杂志社联系她，说如果不支付稿费的话可以考虑发表，并且在这个地方发表了就不能再拿到别的地方发表。她十分愤怒，认为自己怀才不遇，将那几幅画制作成各种作品，依然到处投稿，却仍旧到处碰壁。

由此，她变得敏感易怒，对整个社会乃至时代都充满了怨气。五年后，她执着地将那几张画做成各种各样的明信片、挂饰、徽章等拿到地摊上去卖，可是压根儿没什么人买，城管一来她就得抱着一堆东西拼命跑。

这五年里，有的同学有志于画画的早在这个行业闯出了一片天地，她依然停留在原来的水平，且脾气、心态都变得很不正常。

她太渴望被赏识，可没有机会的时候，不是默默努力积累能量，而是着力于推荐自己，因眼高手低而将自己推到尴尬的人生境地。

世间哪来那么多一蹴而就的成功？现实世界里的任何人也只有通过不断的努力才能凝聚起改变自身命运的爆发力。有这样一个寓言故事：

一个农夫一早起来，告诉妻子说要去耕田，当他走到田地时，却发现耕耘机没有油了；原本打算要立刻去加油的，突然想到家里的三四头猪还没有喂，于是转回家去；经过仓库时，望见旁边有几块马铃薯，他想起马铃薯可能正在发芽，于是又走到马铃薯田去；途中经过木材堆，又记起家中需要一些柴火；正当要去取柴的时候，看见了一只生病的鸡躺在地上……这样来来回回跑了几趟，这个农夫从早上一直到夕阳西下，油也没有加，猪也没有喂，田也没有耕。最后什么事也没有做好。

不要笑这个农夫，也许现实生活里我们很多时候跟他一样，做了这个想起那个，干那个时想起这个，做什么都没定性。比如，学生马上面临大考，复习了语文想起英语还有很多地方不懂，拿过英语书又想起数学也不行，这本看看那本翻翻，一样也没有深入复习，还是心里虚空上了考场，考得一塌糊涂。没有定性，好高骛远，三心二意，同样也是平庸者与出色者的分别。

谁没有自己的梦想呢？尤其是年轻人，几乎都渴望获得风风光光的成功。然而，现实世界中，眼高手低、志大才疏往往是阻碍年轻人成功的最大障碍。在许多年轻人的眼里，他们只看到成功人士功成名就后的辉煌，一心想获得同样的待遇与发言权，为暂时的不被待见而坐立不安，却不知那些光鲜亮丽的人，也是台上一分钟台下十年功，之前所付出的艰苦努力远远超过他们的想象。

智慧格言

不要眼高手低，妄想一步登天，眼前做不到的事就不要妄图本分，不管是名誉，财产，还是女人。

——巴尔扎克

第四章

想做好事，要学会自制而不受心态掌控

让人为上，吃亏是福

老赖是十里八村有名的人精，活了大半辈子，没让人家占过一分钱的便宜，人送外号“不吃亏”。

这天，老赖坐车进县城给儿子送些土特产。儿子家住在县城郊区附近，大巴开到城郊时老赖憋着劲没下来：这时候下来不就吃亏了吗？一直坐到城中心车站老赖才满意地下车，虽说最后多走了半个小时的路，可是总归没吃亏不是？老赖心里像赚了大便宜似的。

到了儿子家后，儿子决定留老赖在城里住几天。怕老赖一个人在家里太闷，儿子特意给他买了一辆自行车，让他无聊时去县城中心逛逛公园。

儿子把车子买回来后，老赖一问价，顿时气得捶胸顿足，他恼怒地嚷道："你个败家子啊，这下我们可是吃了大亏了！这种自行车在咱们镇上只要300块钱，你却花了350块钱，多花了50块钱啊！"

老赖死活非要去找商家理论：要么退50块钱，要么退自行车。儿子无奈地说："车店规定车子一旦卖出概不退货，要不就算了吧，不就50块钱吗？"

老赖大怒："你爹我一辈子没吃过这么大的亏，别说50块钱，一分钱的亏也不能吃。"

知道老赖的犟脾气，儿子只得带着老赖去自行车店。老板一听两人的来意，冷着脸说："车都卖出去了，概不退货。"老赖不依："这种车在我们镇上只是300块钱，你们却卖350块钱，今天说什么也得把多余的50块钱退给我们。"老板瞥了一眼老赖，"哼"的一声转身走进了店里。

要说老赖也真是有耐心，一步不离地跟着老板，死缠烂打纠缠了三个多小时，嗓子都快冒火了。老板火了："把自行车卖给你算我倒了八辈子霉，不过我告诉你，我也不是吃素的，我只退给你30块钱，识相的赶紧给我滚，否则我就不客气了。"老板说完用眼朝店门外示意了一下，几个流里流气的年轻人摆出一副要打架的姿态。

老赖一听老板都放狠话了，咬咬牙，只得就此罢手。回到儿子家里，老赖吃不下饭，睡不好觉，坐卧不安，心里像堵了块大石头。无论儿子怎么劝，老赖就是心不甘：吃亏了啊！

就这样恍恍惚惚过了两天，这天一大早，老赖眼睛一亮，叫了声"有了"，便撒腿朝外飞奔而去，等儿子追到门口，老赖已经骑着自行车跑出很远了。

儿子知道老赖还是放不下吃亏的事，担心他还去自行车店去闹腾，连忙跑去车店，可是在店门口找了一上午也没见老赖的影子。儿子急了，怕老赖有个三长两短的，就连忙给亲戚朋友家打电话，可是寻了个遍都说没见过老赖。

儿子急得正要去报警，老赖骑着自行车风风火火地回来了，只见他热得满头大汗，但眼冒金光，嘴唇颤动着，抑制不住心中的激动。

儿子一见老赖回来，气愤地质问："你去哪了？也不知道说一声，快把我急死了。"

老赖兴高采烈地嚷道："哈哈，我的好儿子，你爹去了趟省城，你不知道，这下你爹终于不吃亏了。"

见儿子疑惑不解的样子，老赖嚷道："上次车店老板只退给了我 30 块钱，我还吃了 20 块钱的亏，再去找车店老板要是不可能的了，我今天一寻思，决定骑自行车去省城逛逛，刚好能省下 10 块钱的车票，来回不就省了 20 块嘛。哈哈，这次终于不吃亏了，你爹心里高兴啊！"

儿子惊讶地问："县城离省城 100 多里路，你没事骑自行车跑了个来回，难道就是为了省点车费？"

老赖眼一瞪："那咋啦？你爹这辈子没吃过亏，谁也别想占我一分钱的便宜！"

故事是不是很搞笑？不肯吃一点亏的老赖大家觉得他生活得累不累？

俗话说难得糊涂益身心，有些亏吃得难受，但你又何必自己苦自己，不妨装装糊涂，才有安然平顺的心情。"吃亏"不光是一种境界，更是一种睿智。能够吃亏的人，往往是一生平安，幸福坦然。不能吃亏的人，在是非纷争中斤斤计较，他只局限在“不亏”的狭隘的自我思维中，这种心理会蒙蔽他的双眼，势必要遭受更大的灾难，最终失去的反而更多。

郑板桥的弟弟在家乡种地，忽然有一天，郑板桥收到了弟弟的一封来信。弟弟在信中提到了一件事，原来，郑板桥弟弟家与邻居的房屋共用一堵墙，郑家想把老屋子翻修一下，却遭到了邻居的反对，说那墙是他们老祖宗传下来的，是他们家的，郑家无权拆墙。可是事实上，这房子的契约写得非常清楚，那堵墙是归郑家所有的。就因为这件事，两家官司打到县里，结果也没有解决。郑板桥的弟弟越想越难过，感觉太受人欺负了，非常不甘心。于是，自然想到了在外做官的哥哥，自觉有证据在，再加上哥哥出面说情，这件事肯定能够解决。可是，郑板桥知道此事后觉得不太好办，考虑再三，给弟弟写了一封信，同时寄去了一个条幅，上面写着“吃亏是福”四个大字。

在日常生活中，有一些非常精明的人。他们处处要显得比别人更加神机妙算，更加讨巧投机。他们总在算计着别人，以为别人都不如他们聪明，而可以从中揩点油，讨点便宜。好像他们这样做就会过得比别人好，这种人功利心太重，把功利当成人际关系的首要，他们日子过得很紧张，过得很缺乏乐趣。

的确，生活有时需要精打细算，才能把日子安排得既合理，又过得舒服。同样的收入，糊涂人过得就和精明人过得不一样。但是，过于精明，甚至在人际关系中也玩这一套，就显得失当了。这样的人，很难和人搞好关系，很难讨人喜欢。所以，即使他在物质上比人多享受了一点，但精神上付出的代价会更大，要是真精明，就得算算这笔账。

在生活中，当自己的利益和别人的利益发生冲突，友谊和利益不可兼得时，首先要考虑舍利取义，宁愿自己吃一点亏。让人为上，吃亏是福。所以曾国藩说："敬以持躬，恕以待人。"敬，就要小心翼翼，事情不分大小，都不敢忽视，就要什么事都留有余地，有功不独居，有错不推诿。念念不忘这两句话，就能长期履行大任，福祚无量。

谈起"养乐多"，那是台湾妇孺皆知的乳酸饮料，提到"养乐多爸爸"，企业界都知道那是养乐多公司董事长陈重光。除了担任养乐多公司董事长之外，陈重光还是宝岛银行董事长与多家企业的负责人，是一位颇具知名度的成功企业家。他今年已经八十四岁，一生事业成功靠两样法宝：一个是"朋友"，另一个是独创一格的"六四分"。陈重光出身大稻埕大户人家，从小就喜欢交朋友，因此不论商界或政界，不管党内或党外，三教九流无所不交，至今不但拥有两万多个好朋友，而且博得"台湾杜月笙"的美名。

他跟朋友以义气相交。朋友有难求他，他必定慷慨解囊，倾力相助。以名制作周游为例，她跟陈重光相交三十多年，多次因资金吃紧而及时得到陈重光的资助。陈重光说："赚钱事小，朋友事大。"

他不但资助友人，而且为朋友做媒，排难解纷，甚至帮朋友选购棺材。何应钦将军去世，他的棺材就是陈重光连夜陪何的女儿去选购的。

因为陈重光对朋友尽心尽力，朋友对他自然也涌泉以报，这是成功之秘诀。一般人合伙做生意，当公司赚钱时，大都采用五五分。也就是说，所赚的钱两人各分一半。而陈重光却采用六四分。所谓六四分，并非我分六你分四，而是你分六我分四。

陈重光说：人都有贪念，只要合伙做生意，总觉得自己比较卖力，应该多拿一份。因此，我选择对方多一份，自己少一份，也就是六四分。因为是六四分，朋友都非常乐于跟他合伙。一个合伙生意得四份，两个合伙生意得八份，三个合伙生意得十二份，结果他才是大赢家。

吃亏是福，乃智者的智慧。不管你是做老板也好，还是做生意场上的伙伴也罢，手下的人跟着你有好日子过，有奔头，他才会一心一意与你合作，给你干。因为他知道老板生意好了他才会好。生意场伙伴同你做生意不能赚钱，就会朝三暮四。好分好合，你要让他人觉得你是个值得共事的人，这才是成功的处世。

做人总怕吃亏，总想占便宜，最终吃亏的是自己，因为你丢掉了人们对你的尊重和信赖，这个“亏”可大了，比天还大！最终结果是你什么便宜也赚不到，人格没有了，朋友没有了，金钱也甭说了，亏死你！

反之，愿意吃点亏，在工作之余，为亲人，为朋友，为同事，为单位，为公司，甚至为素不相识的人做些力所能及的事情，有时只是举手之劳，有时可能花费点时间，有时也可能在经济上会有点小小的损失，但是，你可能得到亲朋好友、同事、领导，乃至社会的亲近、尊重、赞扬，那可不是金钱能买来的！这不是福是什么？有了这些，在你遇到困难的时候，也会有人宁愿自己“吃亏”也要帮助你渡过难关。

吃亏不但是一种胸怀，一种品质，一种风度，更是一种坦然，一种豁达，一种超越。能吃亏是做人的一种境界，会吃亏是处事的一种睿智。

智慧格言

大忍则大成，小忍则小成，不忍则不成。

——佚名

退一步海阔天空，让三分心平气和

有位智者曾经说过：“几分容忍，几分度量，必能化干戈为玉帛。”正所谓：退一步，海阔天空；让三分，心平气和。对于他人的过失，必要的指责无可厚非，但能以博大的胸怀去宽容他人，就会让世界变得更精彩。

在工作和生活当中，人与人之间难免会发生矛盾，出现这样或那样的失误与差错。这时，如果都争来争去，你不让我，我不让你，就容易引发矛盾或冲突，使彼此间的关系变得不和谐。如果不能原谅他人所出现的失误与差错，不能宽以待人，就会给自己和他人造成心理上的压力，影响今后的正常生活与工作。因此，你需要学会忍让和宽容。

人与人的交往就像缠绕在一起的丝线一样，你要想解开这些丝线，是不能用力去拉的，因为你越用力去拉，丝线必定会缠绕得越紧。然而，在日常生活的人际交往中，许多人就是以这种“用力拉”的办法在解决问题，结果彼此之间的关系反而紧张，甚至闹到不可收拾的地步。相反，如果投以退让和宽容，放低自己做人的姿态，缠绕的丝线就会逐渐解开，人际关系就会越来越和谐。下面的事例就是一个很好的证明。

乔治·罗纳曾在维也纳当过好多年律师，在第二次世界大战期间，他被迫逃到了瑞典，因此变得不名一文，他急切地需要一份工作来养活自己。他懂得好几个国家的语言，希望能在进出口公司找到一份适合自己的工作。但是，绝大多数公司都回信拒绝了他，不过公司声明：他们会把他的名字存在档案里。

在这些回复中，有一封信是这样写的：你完全没有了解我们的用意，你看看你自己又蠢又笨，我根本就不需要什么替我写信的秘书。即使是需要，也不会用你这样一个连瑞典文都写不好而且信里全是错字的人。

看到这封信时，乔治·罗纳气得简直要发疯。面对如此的羞辱，乔治·罗纳也决定回一封信，气气那个人，但他冷静下来后对自己说：“不行！他说得很对，瑞典文毕竟不是自己的母语。想要得到这份工作，就必须不断努力学习瑞典文。他用难听的话来表达他的意见，就说明我有错误存在，因此，我应该写封感谢信才对。”

于是，他提笔写了一封感谢信：“在你并不需要秘书的情况下，您还给我回信，我实在是感激不尽，我没有弄清贵公司的业务实在是惭愧。之所以给您回信，是因为听他人介绍说您是这个行业出色的领导人物。我的信里有很多的语法错误，而自己却不知道，我感到十分惭愧，而且非常难过。现在，我计划加倍努力学习瑞典文，改正自己的错误，谢谢您帮助我不断地进步。”

这封信发出不久，乔治·罗纳就又收到那个人的回信。不仅如此，他还因此从那家公司获得了一份薪水不错的工作。

可见，拥有一颗宽容的心，对自己的人生将会起到至关重要的作用。对于他人信中的近似羞辱的话语，乔治·罗纳虽然有一时的气愤，但理智、宽容战胜了愤怒，以友好、学习的态度回了信。也正是因为自己的这份宽容，他获得了这份工作。可见，当一个人与他人发生矛盾时，要懂得退一步海阔天空的道理，懂得宽容他人，这是做人的品质，凭借它，你会收获更多的惊喜和幸福。

但要注意的是，宽容是坚强，而非软弱。宽容所体现出来的退让并不是盲目地无原则地退让，而是以退为进，主动掌握事情的主动权，进而获得成功。

屠格涅夫说：“不会宽容他人的人，是不配得到他人的宽容的，但谁敢说自己不需要他人的宽容呢？”的确，人人都需要他人的宽容，他人也有需要你宽容的时候，只有人人都宽容他人，人与人之间的关系才能和睦。宽容是一种生活的艺术、一种放低自己做人姿态的艺术。

人们常说“退一步海阔天空”，这是一种宽容，是一种理智的退却，大度的忍让。宽容是人际交往中的“润滑剂”，放低了自己做人的姿态，也保持了和谐的人际交往。宽容是一种幸福，生活中多一分宽容，生命就会多一份幸福，多一些温暖的阳光。

智慧格言

最高贵的复仇之道是宽容。

——雨果

放弃执念，不在乎输赢

笑看人生中的输赢得失，坦然享受快乐，不是得到的多，而是计较的少，俗话说：“你得其利，就得承受负面之弊。”人不可能得到了你想要的，就永不会失去。你真正能得到的只有人间的亲情和真情，而权力、金钱、财富都不是永远属于你的，它们总有一天会失去。

在大海深处，有一条巨大的鲸鱼在海洋中悠闲地游着，它拥有巨大的身体，因为它体型巨大，其他鱼类为求自保，纷纷躲避它，这让它很得意，它认为自己是海洋中的霸主，强大无比，威风极了。每当鲸鱼饿了就会去找鱼群，当它接近鱼群时，鱼们还不知道怎么回事，就连同海水一起被鲸鱼吞到嘴里。有时，鲸鱼吃饱了，也喜欢追逐鱼群，它一边看它们狼狈逃命的样子，一边哈哈大笑。

沙丁鱼个头很小，但它是鲸鱼最爱吃的一种鱼，它们常常被鲸鱼成群结队地吞进肚中。鲸鱼的存在已严重威胁到了沙丁鱼的生存。

有一天，沙丁鱼的首领决定除掉这可恨的鲸鱼，可是，小小的沙丁鱼要杀死鲸鱼，那不是痴人说梦吗？但这个沙丁鱼首领依旧组织鱼群向鲸鱼攻击。

看到不断攻击自己的鱼群，鲸鱼感到很好笑，心想："这同送食物有什么两样！"于是，面对纷纷冲上来的沙丁鱼，它不紧不慢地张开大嘴，将一群群沙丁鱼尽收口中。事情显而易见，胜利者百分之百是鲸鱼。

一天又一天过去了，沙丁鱼总是以失败而告终，而鲸鱼总是以胜利结束战斗。每次取得胜利的鲸鱼都十分兴奋，它总是兴致勃勃地追逐沙丁鱼的残兵败将，将它们一一收入口中。在一次又一次的胜利中，它体味着胜利者的喜悦和自豪。

一天，一大批沙丁鱼又向鲸鱼发起了挑战，鲸鱼一张口就将它们消灭了大半，剩下的一小部分狼狈逃跑。鲸鱼来了兴致，心想："你们哪有我跑得快，一个也别想逃命。"于是，它尾随在后一口一口地吃掉沙丁鱼。沙丁鱼越来越少。但仍然有一些试图逃脱鲸鱼的追杀。鲸鱼决定乘胜追击到底，将它们彻底消灭干净。于是，一路追了下去。

鲸鱼忘了追出了有多远，正当它要张口吞下最后一群沙丁鱼时，忽然发觉自己的肚皮已经触到了浅水滩的沙子，它知道这很危险，可是，由于用力过猛，它此时已经无力控制自己的身体，只见它巨大的身躯一下子冲上了沙滩，它想抽身返回，可是已经来不及了。它搁浅了，拼命挣扎着，不久就无奈地死去了，这场战斗，以鲸鱼的死亡而结束，沙丁鱼成了最终的胜利者。

人的心态就像大海一样，有时风平浪静，有时波涛汹涌，而大多数人的心态都是不平和的，就像大海更多的时候总是卷起阵阵浪花。然而我们都知道只有在风平浪静的水面上航行，才能保证安全，当人们能安抚自己的内心，平和地对待每一个人、每一件事时，我们才能更清楚地看到自己的“目标”，才能够集中精力向目标“奋进”。

但有些人没有学会保持平和心态的方法，所以极易受外界的影响而去追逐每一场比赛的输赢。输了，是心态上输了；赢了，却是意义上的赢了。道理很简单，但人们都不容易懂，因为我们都太聪明了。聪明不一定是好事，笨也不一定是坏事。最后赢了的人，往往不是聪明人，而是笨人。因为笨人，不在乎输赢，在乎的是意义，所以他们不会分心去考虑所谓输赢的结果，而是专心在那个意义上，而聪明人都是专心在那个结果上，反而一无所获。

最是胸怀宽广、淡泊名利的人，更加深信自己终能实现自己的梦想，这种人能以积极美好的态度去看待自己人生中的每一场胜负，他们深信，自己完全有能力战胜任何困境，并在自己人生的征程中不断追求卓越，而不仅仅是嘲笑他的失败，他们会笑对生命中的每一场输赢得失，而不仅仅局限于一时的胜负。

没有永远的输，也没有永远的赢，输赢是每个人必经的人生历程。人生的输赢，不是一时的荣辱所能决定的，今天赢了，不等于永远赢，今天输了，只是暂时还没赢，不代表以后就不会赢。得与失永远是生活天平上的两只标准砝码。

智慧格言

这世界除了心理上的失败，实际上并不存在什么失败，只要不是一败涂地，你一定会取得胜利的。

——亨·奥斯汀

自信是成功的第一秘诀

爱默生说过，“自信是成功的第一秘诀”。很多时候，是如此，一个人能不能争取机会、获得成功，并不仅仅取决于能力的大小，而是在于他对自己是否充满信心。只有相信自己的人，才有可能激发潜在的力量去做得更好。

亚伯拉罕·林肯是一位伟大的政治家、思想家，是美国的第16任总统。英国《泰晤士报》曾对43位美国总统以不同的标准分别进行了排名，最后，林肯在最伟大的总统排名中名列第一。能够取得这样的荣誉，就是因为林肯从竞选总统到做总统都充满了自信。

林肯出生在美国肯塔基州哈丁县一个贫穷的农民家庭，他的父亲为了一家人的生计曾经做过鞋匠、伐木工人和木匠等。林肯曾形容自己的童年是“一部贫穷的简明编年史”。但就是在如此艰难的成长环境中，林肯也一直相信只要自己不放弃对理想的追求就一定能够取得成功。

他经常一边打工一边学习，通过自学，林肯成了一个博学而充满智慧的人。在一次政治集会上，他满怀信心地发表了自己的第一次政治演讲。他抨击了黑奴制，同时提出了一些有利于公众事业的建议，得到了人们的认可。从此以后，林肯在公众中就有了一定的影响，再加上他良好的人品，很快就被选为了州议员。积累了一定的州议员的经验之后，林肯当选为美国众议员。

从此，他用自信为自己的人生披荆斩棘，坚持自己废除奴隶制度的主张，在51岁的时候成为共和党的总统候选人。当时，和林肯竞争总统位置的是一个名叫史蒂芬·道格拉斯的人。为了展现自己的才华，说明自己有足够的才能胜任总统的职位，两位总统候选人在曼哈顿的库珀协会进行了一场针锋相对的政治辩论。

辩论开始之后，两个人互不相让，进行了三个多小时的激烈辩论，而且表现都非常精彩，不时赢得选民的阵阵掌声。

一时间，两个人的才华和能力似乎难分伯仲。大家都很为难，不知道该把选票投给谁更好。这时，一个记者站起来向两位总统候选人提出了一个问题：“如果让你们自己投票的话，你们会把手中的选票投给谁呢？”听到这个问题，大家都安静了下来，都想知道两个总统候选人会怎么回答。

时间慢慢地流逝，谁也没有说话。又等了一会儿，史蒂芬·道格拉斯礼貌地站了起来，含蓄地表示自己此时无法回答这个问题，也拒绝回答。林肯听了他的回答之后，自信地向前跨了一步，带着微笑大声地回答道：“我会把这一票投给自己，投给亚伯拉罕·林肯！因为我知道，没有人能比我做得更好！”

在他充满自信的声音之后，全场响起了热烈的掌声。大家都为他的自信和才华而喝彩。最后，林肯用自信赢得了这场竞选，当选为美国第16任总统。

“没有人能比我做得更好”，这是一句多么气势恢宏的宣言啊！试问，又有谁能不被林肯的魅力所折服呢？

有着强大自信的人，总是能在一举一动中向他人传达一种力量，从而赢得他人的信任和认可。

如今被大家称为“打工皇后”的吴士宏，也是用自信拿到了进入微软的通行证，她到微软应聘的故事至今仍然被人们津津乐道。

1998年，微软准备在中国公开招聘一名中国公司总经理，以管理其在中国不断扩大的业务。名企、高管、高薪，面对这样一个大好机会有谁会不动心？所以，竞争非常激烈。经过几轮面试之后，只剩下三个人做最后的角逐。

这三个人各有优势，第一个人是博士学历，而且毕业于名牌大学，再加上拥有多项科学发明，明显占优势；第二个人则在另一家大公司担任重要职位，工作经验、学历等都十分符合微软的条件；第三个人就是吴士宏，虽然她当时在IBM任职，但是她却拿不出一个像样的学历，她甚至都没有读过大学。从这些来看，吴士宏在三人当中能够面试成功的机会最小。

面试开始了，三个人依次走进面试的房间。第一个人进去之后，一个面试官说：“你好，请坐！”那个毕业于名牌大学的博士一脸疑惑，因为他根本没有看到可以坐的地方，周围甚至连一把椅子都没有。“请坐！”那个面试官再次说了一遍。博士一脸尴尬，最后，他只好无奈地说：“没关系，我站着就行。”简单聊了几句之后，面试官就告诉他可以了。

第二个人进去之后面对同样的问题和尴尬，他并没有太过慌张，而是宽容地笑着说：“大概是工作人员忘记了一把椅子。没关系，我可以站着谈。”面试官假装恍然大悟地说：“不好意思，这是我们的失误。既然如此，只好先委屈你一下了。”面试只进行了几分钟，就被面试官以不愿他站得太久为由而结束。

最后进去的是吴士宏，面试官同样对她说“请坐”之后，吴士宏发现房间里并没有供她坐的椅子，于是，就微笑着说：“可以，不过，我能先去搬一把椅子进来吗？”面试官笑着看了看吴士宏说：“当然可以。”吴士宏坐下之后，和面试官进行了交流，他们甚至都忘记了时间。谁都没有想到，最后赢的居然是没有上过大学的吴士宏。微软负责这次招聘的人对于这个结果的解释是：在自信面前，一切经验和学历都毫无价值。在同等的机会面前，吴士宏凭借自己的自信战胜了对手。

人，在社会上无论做什么，都是靠着一种信念来支持的，这种信念的来源就是自信。树立了自信，我们才能对一切事物产生兴趣，对自己要达成的目标才充满信心，处理任何事情都游刃有余。有了自信，人的大脑对于外界的事物反应会极其敏锐，思维也变得极其活跃，自然也就产生了无敌的魅力。

智慧格言

我们对自己抱有的信心，将使别人对我们萌生信心的绿芽。

——拉劳士福古

第五章

想做好事，要学会管理时间而不做时间的奴隶

有时候只需多等一下

从前有个老婆婆，她在屋子后面种了一大片玉米。眼看着收获的日子一天天近了。

一天，一个颗粒饱满裹着几层绿衣的玉米说：“收获那天，老婆婆肯定先摘我，因为我是今年长得最好的玉米！”周围的玉米看了它几眼，也都随声附和称赞起它来。

收获那天，老婆婆只看了看那个最棒的玉米，并没有把它摘走。“老婆婆可能眼神不大好，没注意我。明天，明天她一天会把我摘走的！”那个最棒的玉米自我安慰着。

第二天，老婆婆又唱着歌儿收走了其他玉米，唯独没有摘这个玉米。“明天，老婆婆一定会来摘走我的！”那个最棒的玉米仍然自我安慰着……

第三天，第四天……老婆婆没有来，就这样一直过了好多天，那个最棒的玉米觉得自己被摘走的希望越来越渺茫……

直到一个漆黑的雨夜，那个最棒的玉米才突然想到：我总以为自己是今年最好的玉米，是我对自己估计太高了。其实，我是今年最差的玉米，连老婆婆都不要我了。白天，我顶着烈日，原本饱满而又整齐的颗粒变干瘪坚硬，整个身体像要炸裂似的；夜晚，我又和风雨搏斗，眼看躯体快要腐烂了，我真是自作自受啊！

不知过了多长时间，一缕柔和的阳光照在那个最棒的玉米的脸上，它抬起头来，睁开眼睛，一下就看到了站在它面前的老婆婆。

老婆婆正用欣喜的目光看着它，自言自语地说：“这可是今年最好的玉米啊！留它做种，明年的玉米一定长得更好！”

这时，那个最棒的玉米终于明白了老婆婆为什么不把它摘走。它正想着的时候，老婆婆小心翼翼地把它摘下来，轻轻地放在口袋里。

相信自己，但有时候需要再等一下！事情就这么简单。

20 世纪 70 年代末，一个年轻的日本人开了间 20 平方米的小杂货店。由于资金缺乏，他的店里货色不多，顾客冷落，生意一直处于不死不活的状态。按照当时普通的经营方式，杂货店一般到夜里11点就都关门了，这个年轻人也不例外。

一天夜里，年轻人打烊后忙着清理货架，进来几个人。他正要请他们出去，却发现是来买东西的，于是就没开口，等在那里。这些人走后，年轻人索性在店里多待了一会儿，结果先后又来了几名顾客。

后来，这个年轻人就改变了作息时间，每天营业到午夜12点，比其他杂货店延长1小时。渐渐地，他的小杂货店成了附近单身人群夜间购物的首选地点，因为这些人大多年轻、精力旺盛，夜生活时间较长。

夜深人静之时，这个小杂货店主嗅到了广阔的商机。一年后，小杂货店渐渐扩大，营业总额达到2亿日元！这个叫安田隆夫的年轻店主趁势发展，生意越做越大。

时至今日，他的公司在日本已有了50多家分店，2002年，总营业收入达到1148亿日元。

对于大多数人来说，一小时也许看不完一部电影，也许吃不完一席餐，也许打不完一场球赛，但对于安田隆夫来说，却是他创建自己“逆锁帝国”的黄金时间。

智慧格言

忍耐是痛的，但是它的结果是甜蜜的。

——卢梭

别因等待而错过

时间如河流，每一刻都在流淌，每一刻都在逝去。最终等待到的，即便是同一种事物，但我们获得事物时的心情，已不是当初的心境。况且，很多时候，等待的最终结果，都是失望或者诀别。

不知大家想过这个问题没有——当有一天自己垂垂老矣、行将就木，回想自己的人生，会做何感想呢？是觉得此生足矣？还是懊悔不迭？抑或怅然若失？

有人或许会觉得：我还这么年轻！是啊，年轻真好，有着大把的时间，只是不知你是否还记得，曾经幼小的自己，托着下巴坐在窗前，想象长大后的样子，当时也觉得那是一件多么遥远的事！

看看我们的周围，有多少人的一生不是输在了一个"等"字上呢？总有人会说，等将来，等不忙，等下次，等有时间，等有条件，等有钱了，会怎样怎样，可是等来等去，你想买的东西一样也没有买，你想去的地方还一处都没有去，你想要报答的人也在日渐老去。

曾经有一位玉友，2015 年的时候，看到市面上的和田玉、南红价格都很高，觉得泡沫快要破裂了，并兴奋地说，等泡沫破裂我就可以抄底了。结果呢，2016 年，玉石价格再次上涨，他又说，2017 年肯定会跌，到时候再入手。

可是在 2017 年已过大半时，但玉石的价格不仅没下跌，反而越涨越高，并且好料子都很少见了。他苦恼极了，最后不得不出高价买了几块品级并不高的玉石，要知道，同样的钱，在 2015 年买的话，可以入手非常好的玩料。

在生活中，和这位玉友持有同样想法的人不在少数。很多时候，我们之所以会觉得缺失幸福感，往往和我们蹉跎光阴、盲目等待有着千丝万缕的关系。其实，每个人只拥有当下，等待中的未来总是遥遥不可及。

当岁月逝去，往事成昨，当初崭新的希望或愿望，经过或长或短的等待光阴的冲刷，早已不复当初的光鲜明媚。即便最终愿望成真，但此时此景与彼时彼刻，总有一种疏离感，人生中很多可以享受的瞬间，可以欢悦的刹那，都在等待中错过了。

人生不要等，幸福不能等。想爱就去爱，想要就去争取。不要把生命活成一场无尽的等待，生命要想美丽，活得要想漂亮，只有把握住今天和当下。因为很多事，很多人，很多情，一旦错过，就永难回头。

智慧格言

晚秋季节还能找到春天和夏天错过的鲜花吗？

——巴尔扎克

将琐碎的时间放在眼里

人们总是在说“时间如过隙之驹”“光阴似箭”，可是真正能够珍惜时间的人却是寥寥无几，我们看到的情况是：大把的时间被人为地浪费掉。过日子需要精打细算，对于零碎时间来说同样如此，一个用“分”来计算时间的人，他会比一个用“时”来计算时间的人拥有的时间长。生命中的一分一秒，确实都不允许我们轻易地放过。

在现实生活中，常常听到有人会说“没时间”或“时间不够用”。这不禁使人们感到纳闷，为什么有些人的日子会过得十分充实，而有些人却总是在碌碌无为？为什么有些人做完事情之后还能惬意地休息一阵，而有些人则正事还没有做到一半，时间就已经全部用完了？上天赐予人们的时间都是公平的，但并不是每个人都懂得享用这种“公平”。生活中总是有很多零碎的时间，常规的思想会认为，这么少的时间里，几乎什么事情也做不了，何必去在乎，于是索性就将它浪费掉了。而那些善于利于零碎时间的人，总能够找到适当的事情来填满这个空白。因为他们懂得时间是珍贵的。正是由于这种认识上的差别，才让人有了时间充足和时间紧张的差别。

一位青年十分苦恼，因为他觉得自己的人生毫无前途，他不知道目标在哪里，于是便向一位科学家请教。

按照约定的时间，这个青年来到了科学家的工作室，当时科学家正在做实验，屋里乱七八糟。科学家说道："很抱歉，您需要稍等我一会儿。"

说完他便顺手关上了门。仅仅过了一分钟之后，门打开了，屋子里的情形和刚才的情况迥然不同，看起来既高雅又整洁，桌子上还放了两杯红酒。科学家递给青年一个杯子，笑着说："来，为我们的见面干杯！"青年欣然举杯。接下来，科学家出人意料地说道："好了，你现在可以回家了。"青年听了十分纳闷，便问道："你还没有跟我讲如何才能成功呢？"科学家回答说："难道这还不够吗？你都看到了，刚才我只用了一分钟的时间，就做了很多的事情。你只要利用好生命中的每一分钟就能够成功！"

是的，利用好每一分钟就能够成功！一分一秒看起来仅仅是一瞬间，可好多个一分一秒累积起来，就汇聚成了漫长的时间，这个道理和聚沙成塔、涓滴成河是一样的。谁善于利用零碎时间，谁就能够抓住更多的机会。

大家都知道，每节课之间都有10分钟的休息时间，而一天下来，合在一起就会有大约80分钟时间。试想，分割开来的 8 个 10 分钟，似乎什么事情也做不了，而如果是连续的 80 分钟，则就可以处理很多事情。这说明了什么呢？

十分钟的时间长吗？当然不算长。那么它短吗？其实也不算短。时间真的是一个奥妙而又神奇的东西，它看不见摸不着，无色无味，无踪无影，却对人类产生着重要的作用。任何人都不能脱离它而存在，没有了它即使再有能力的人也将会一事无成。时间具有一个奇妙的特点：零碎性。也就是说，人们的时间往往都是零碎的，如何将这些零碎时间有效地利用起来，则体现了一个人是否善于珍惜时间。

古往今来，治学之人总是千方百计地抓住身边的零碎时间，如三国时的董遇，时常教导他的学生要抓紧“三余”，即“冬者岁之余，夜者日之余，阴雨者时之余也”，而宋代时的大文学家欧阳修则提倡紧紧抓住“三上”，即“马上、枕上、厕上也”。如果你的动作不够快，那么这些零碎时间就会像双手中捧的水一样，顷刻间就从指缝间漏掉了。

对于现在的人来说，如何提高工作效率一定是他们非常关注的话题，其实这很简单，只要你们利用好自己的零碎时间，就能够收到意想不到的效果。

陈景润是国际上知名的大数学家，深受世界人民的敬重。他本人就是一个十分珍惜时间，并善于利用零碎时间的人。他总是利用等车、排队买饭等零碎时间来学习，就是在这不起眼的间隙时间中，陈景润以令人不可思议的能力学会英、俄、法、德四国文字，令全世界人为之赞叹！后来，发生了战事，百姓的生活过得颠沛流离，但陈景润并没有因此而放弃学习，反而更加用功和努力，即使外面炮火连天，他也会躲在防空洞中书不离手。

看到这里，也许人们就不难明白，陈景润为何能在国际上取得如此骄人的成绩了。利用空隙时间学会四门外国语言，这和现在的一些人相比，是多么令人难以置信呀！现在的人往往学习一门语言好几年，还学不出个名堂来，难道是陈景润比现在的人聪明吗？当然不是，很大的一个原因就是他善于利用琐碎时间，而现在很多人则总是不将琐碎时间放在眼里。

利用零碎时间，就是将分散开来的时间重新组合成一个完整的长期时间，这样的话，看似不经意的那几分钟，却能够对你产生决定性的影响。

智慧格言

最充分利用时间的人腾不出多余的时间。

——富勒

第六章

想做好事，要养成良好的习惯而不是随性而为

一丝不苟，忠于职守

所谓敬业就是要忠于职守、尽职尽责、一丝不苟、善始善终地工作，这是一个人使命感和道德责任感的集中体现，更是一个人立身立业所必须遵循的做事标准之一。

敬业意味着我们需要约束自己的言行，将更多时间和精力投入工作中，以确保工作能够做到更好；意味着当工作与个人生活产生冲突时，我们能够以工作为先。由此可见，要想做到敬业并不是件容易的事情。尽管如此，我们仍须明白：敬业精神是立身立业的关键所在。只有具备敬业精神，才能在工作中做到尽职尽责，而只有尽职尽责

的人，才会对工作的每一个环节都不轻视、不放松。只有这样，才能把工作做好，才能赢得他人的尊重。下面这个故事就说明了这一点。

一个漆黑的大雪天，约翰·格林中士正急匆匆地走在回家的路上，却碰到了一个很焦急的陌生人。陌生人向他求助，因为陌生人从约翰的衣着上看出来他是个军人。

约翰连忙问明了情况，原来旁边的公园里有一个孩子一直在哭却不肯回家，因为孩子和伙伴们在玩一种游戏，而孩子扮演一个站岗的士兵，接到“长官”的指示而继续在站岗。陌生人说，孩子坚持站岗，除非被允许，否则无论如何也不能离开。陌生人劝了孩子，孩子也不肯听，所以只好请约翰帮忙。后来，孩子在得到约翰·格林中士的命令后终于高兴地回家了。

许多年后，约翰想起那个孩子，仍忍不住心生敬意。

这个孩子让约翰尊敬的正是他负责任的态度和敬业的精神，虽然站岗本身并不是他的工作和职责，只是一场小孩子间的游戏，但这个孩子却将之视为神圣的工作和职责，这是一种多么令人肃然起敬的精神啊，即便这仅仅是一个孩子的行为！同理，当我们在从事自己的工作的时候，也应该以“爱岗敬业、尽职尽责”的态度做事，从而为公司创造更多的效益。

当然，爱岗敬业的得益方并不只是公司，同时也有敬业者本人。

首先，总是全心全意地投入工作中时，我们便能从中学到更多的知识，积累更多的经验。虽然，不可能立竿见影地看到这种好处，但是，敬业的精神确实能够从职业经验、专业知识等方面对我们产生深远的影响，会波及我们的整个职业生涯。

其次，敬业的精神能够让我们得到公司和上司的认可，进而得到嘉奖和升迁，生活自然也越来越优越。

另外，敬业的精神还能给予我们独一无二的成就感。试想，当你全心全意地去做一件事情，并且最终能将它做好时，那将是怎样的一种欣慰啊！

这样，我们就会让自己走入一个良性循环中：敬业、勤奋，然后得到嘉奖和升迁，生活越来越优越；由于尝到生活乐趣而更加敬业和勤奋，得到进一步嘉奖和升迁。慢慢地，我们就会成为他人都羡慕的对象。

而如果没有敬业精神，我们就会陷入一个恶性循环中：不敬业会导致得不到嘉奖和升迁，进而生活越来越艰难；于是随波逐流，变本加厉地放纵自己不敬业、不勤奋。最终，我们的人生将变得碌碌无为，并且艰辛异常。

常见的不敬业表现有：不求有功，但求无过；三心二意，敷衍了事；明哲保身，怕负责任；一味抱怨，不思解决。对此，我们一定要警惕，千万不要被“不敬业”拖下水。

总而言之，我们要始终保持敬业精神，并将其作为做事的高标准，这样我们就能尽职尽责地努力工作，并因此获得较佳的成绩，有所成就。

有一位本领高超的木匠，因为年事已高就要退休了。他告诉他的老板：他想离开建筑业，然后和妻子儿女享受一下轻松自在的生活。老板实在是有点舍不得这样好的木匠离去，所以希望他能在离开前再盖一栋具有个人品位的房子。

木匠欣然答应了，不过令人遗憾的是，这一次他并没有很用心。他草草地用劣质的材料就把这间屋子盖好了。其实，用这种方式来结束他的事业生涯，实在是有点不妥。房子落成时，老板来了，顺便看了看，然后把大门的钥匙交给这个木匠说："这就是你的房子了，是我送给你的一个礼物！"

木匠实在是太惊讶了！当然也非常后悔。因为如果他知道这间房子是他自己的，他一定会用最好的木材，用最精致的工艺来把它盖好。其实我们每个人自己正在做的活儿，归根结底都是在准备为自己建造一间房子。如果我们不肯努力地去做，那么我们只能住进自己为自己建造的最后的也是最粗糙的"房子"里。

平凡孕育伟大。如果你真正地爱岗敬业，就请忠于职守，贯穿始终，把自己岗位上的工作做好。

智慧格言

缺乏对事业的热爱，才华也是无用的。

——尼柯拉耶维奇

严格自律，掌控生活

罗伯特·李是美国南北战争时的名将。有一次，他参加一个朋友的孩子的婚礼，孩子的母亲请他说几句话，作为孩子的行为准则。李将军只说了一句非常简短的话："教他懂得如何自律！"

自律的人才会受到别人的欢迎，当我们想做一些不该做，违背道德良知的事时就需要自律。自我约束力的缺乏往往成为一个人失败的一大根源。

一位心理学家说："如果我们无法约束自己，那么只有依靠社会和大自然来约束。"莎士比亚强调："正是因为人类在自制方面的才能，从而划清了人和动物之间的界限，这种才能是人类品质中的精髓。"

自律是一种习惯，而习惯往往能决定我们的人生，它可以是仁慈的主人，也可以是残忍的暴君；它既能驱使我们走向成功，也能驱使我们走向毁灭。

在美国一所大学的日文班里，出现了一个50多岁的老太太，起初大家并不介意，因为在这个自由的国度，每个人都可以做自己喜欢的事情。但是，过了一段时间，学生们发现，这个老太太并不是退休之后空虚寂寞才来的。每天清晨，她总是第一个来到教室温习功课，认真地跟着老师阅读。她的笔记记得工工整整，学生们纷纷借她的笔记作参考。每一次考试前，老太太更是聚精会神地复习。

一天，老教授对学生们说："父母一定要自律才能教育好孩子，这位令人尊敬的女士，她肯定有一群出色的孩子。"大家一打听，果然，这位老太太叫朱木兰，她的女儿是美国第一位华裔女部长赵小兰。

作为一个母亲，能给予孩子最好的财富不是万贯家产，而是良好的品格，朱木兰女士深谙此道，她不仅严格自律，更把这一良好品质传给儿女们。

不管是街头痞子，还是粗俗肮脏的乡村青年，只要通过严格的自律都可以养成良好的习惯，成为一个勇敢、坚强的人。能提供这种教育的先是家庭，其次是学校，最后才是社会。

有人对英国和欧洲大陆的许多精神病院进行过研究，最后得出了一个结论：绝大多数精神病人都很任性，他们的意愿在孩童时期几乎没有受到过约束。

诗人博恩斯经常头头是道地教育别人，按理说，他应该是懂得自律的人，但是，在生活中，博恩斯和那些缺乏自律的人一样糟糕。他总是不自主地说一些挖苦、讽刺别人的话，因为缺乏自律，他谱写了一些仅为满足酒吧需要的庸俗下流的乐曲，这些流传广泛的乐曲毒害了无数青年。

博恩斯沾染的恶习之一是无法抵制酒的诱惑，酗酒使他无力克制自己因而使他堕落。一位传记作家曾这样评价他：放荡使他堕落，并玷污了他的名声。

博恩斯最好的诗是28岁时完成的《一个诗人的墓志

铭》，华兹华斯对它的评价是："这是一次严肃、彻底的自供，这是他遗嘱的公开声明，真诚的忏悔。"诗中写道：

读者，请记住
无论你的灵魂是翱翔于天空
还是附着于沉寂的大地
学会自我控制
乃是智慧之源

美国总统华盛顿以其优秀而崇高的人格闻名史册。即使处于最困难的紧要关头，他的克制力也是强大无比。人们都以为他这种镇定自若的性格与生俱来，但实际上，华盛顿原本是个非常急躁的人，温文尔雅、宽容等优秀品质都是他经过严格自我控制之后表现出来的。华盛顿的传记作家这样评价他："他是一个极富激情的人，他的激情非常强烈，但他能在瞬间克制，这或许是他长期训练的结果，我们不能否认这种罕见的力量。"

我们不得不这样说，获取生活和事业上的成功必须依赖自律。严格的自律不仅能使你控制自己的今天，也能控制自己的明天。养成自律的好习惯，你的人生之路必将更加平坦和宽阔。

少年时代的徐溥性格沉稳，举止老成，他在私塾读书时，从来都不苟言笑。一次，老师发现他常从口袋中掏出一个小本本看，以为是小孩子的玩物，等走近才发现，原来是他自己手抄的一本儒家经典语录，由此对他十分赞赏。徐溥还效仿古人，不断地检点自己的言行，在书桌上放了两个瓶子，分别贮藏黑豆和黄豆。每当心中产生一个善念，或是说出一句善言，做了一件善事，便往瓶子中投一粒黄豆；相反，若是言行有什么过失，便投一粒黑豆。开始时，黑豆多，黄豆少，他就不断地深刻反省并激励自己；渐渐黄豆和黑豆数量持平，他就再接再厉，更加严格地要求自己；久而久之，瓶中黄豆越积越多，相较之下黑豆渐渐显得微不足道。直到他后来为官，一直都还保留着这一习惯。

凭着这种持久的约束和激励，他不断地修炼自我，完善自己的品德，后来终于成为德高望重的一代名臣。

徐溥对自己行为的严格约束显示了他强烈的自律意识，即使是在个人独处时，也能自觉地严于律己，谨慎对待自己的一言一行。慎独是自律的最高境界，它能让一个人在独立工作、无人监督的时候仍然不被外物所左右，而是丝毫不放松自我监督的力度，谨慎自觉地按照一贯的道德准则去规范自己的言行，一如既往地保持道德自律。

一个人如果没有自制力，任由冲动和激情支配自己，那么他可能会放弃道德，随波逐流，最终成为追逐欲望的奴隶。在《圣经》中，赞美之词往往会给予那些能“主宰自己灵魂”的人，而不是那些“攻城略地”的强者。

智慧格言

登峰造极的成就源于自律。

——松下幸之助

摒弃敷衍，认真负责

你敷衍工作，那么也就是敷衍自己。现实中，有很多人之所以失败，就是败在做事敷衍上。粗心、懒散、草率等正是敷衍工作、对工作不负责任的表现。由于粗心、懒散、草率而造成失败的例子，更是不胜枚举。

什么是敷衍？是工作上的拖拉、糊弄还是面对工作时不认真的态度呢？我们日常中有很多工作，而其中很多又都是难以用量化标准来衡量的，因此该怎么做，做到什么程度大多都要自己把握。

曾有一家服装厂的一名业务员为单位订购一批羊皮，合同条款本应是："每张大于4平方尺。有疤痕的不要。"然而这名业务员由于粗心大意，把句号写成了顿号，成了"每张大于4平方尺、有疤痕的不要"。结果供货商钻了空子，发来的羊皮都小于4平方尺，使服装厂损失惨重。

粗心大意看似是无意造成的，其实完全是内心中敷衍工作的意识在作祟，这在工作中是大忌。许多身在职场的人并不清楚，其实只有尽职尽责地做好自己的本职工作，才能渐渐地获得价值的提升。妄想一步升职或者只是做做表面工作就能获得提升，这是永远不可能的。唯有勤奋不敷衍工作，才能获得你想要的好日子。

也许，有人在寻找自我发展机会的时候，会这样问自己，“做这种平凡乏味的工作，有什么希望呢？”有这种想法的人不在少数，他们会觉得没有希望或者是工作无趣等，殊不知，在平凡的岗位上也蕴藏着巨大的机会，只要我们把工作做得比别人完美高效，发挥自己的才能，也能在平凡中收获不平凡。

作为一名职场中人，我们应该做的事情一定要保质保量完成，不要以为自己不做自会有人来做，也不要以为自己敷衍工作不会被人发现，不会对自己的工作造成什么影响。要知道，当一个人在承担责任的同时，也是在坚守人格和道德。

有这样一个例子：

袁成曾经服务于一家大型建筑公司，他的主管不仅是该公司的总经理，还是第一位被提拔的非家族成员，主管所承受的压力可想而知。所以，他的主管对下属非常严格，甚至有点鸡蛋里挑骨头。不过，袁成觉得自己在公司待的时间长了，还是可以应付主管的各种命令的。

一次，主管要求袁成为一个董事会准备资料，袁成迅速整理了从各部门呈上来的报表，工作很快就完成了。但是当袁成把资料交上去之后，总经理只说了一句话：“不用心。”袁成很不服气，他告诉总经理，为了这份资料，他已经很久没有按时吃晚饭了。总经理叹了一口气说：“你自己对这堆资料满意吗？记住敷衍工作首先就是敷衍自己。”袁成无话可说了。

袁成的问题，不是因为他不聪明，没有能力，而是不愿将问题看透，这就导致他习惯性地在工作中糊弄了事。他虽然牺牲了吃晚饭的时间，但是并没有用心去准备资料。如果总经理拿着他提供的资料上会议桌，肯定会受到董事们的批评。

有这样一个故事：

有一个书生文才很好，但屡次考试升迁等都落选，也没有人提拔他去做官。后来他当了一位教书先生，开私塾，收人家学费来教这些孩子们。

有一次他生病了，好像迷迷糊糊地来到一个衙门跟前。他想，这可能是阴曹地府。进去以后，判官就告诉他说："你就要死了。"这个书生不服气，说："我一生没有做什么大的过失，为什么我这么年轻就要死掉呢？"

那判官就说："是，你没有做坏事，但是你办私塾、收学费、教学生，却没有尽心尽职地来教。虽然你的寿命还在，但是你折了自己的福报，你的食禄没有了。"这个意思就是说，寿命没尽，但是在这个世间没吃的了，没吃的那不也得饿死吗？听了这话，他无言以对。确实，他教书只是收了学费应付于教书而已，并没有真正地尽到为人师的责任。

也许，有些人会想，那该怎样改掉敷衍的坏习惯呢？不妨从以下几个步骤做些尝试：

首先，认清敷衍的后果。其次，要端正态度，对周围的人抱有一颗责任心。再则，要区分“做好”与“做了”的界限，避免产生“我做了就行”的想法，因为这个想法最容易导致敷衍。要知道，工作就必须持积极地态度。要做就要做好。

不论工作简单还是复杂，都不要敷衍，因为敷衍工作就是敷衍自己，是对自己的不负责任。起初，也许看不出自己敷衍工作与别人认真努力工作有什么不同，自己很轻松就“完成”工作，其实这都是表面现象，是一种假象。等到这种假象积累到一定量的时候，就会给予我们致命的打击。也许别人已经是主管，而你因为能力不足还是一名普通员工……因此，对待工作要认真，这不仅是对工作负责，更是对自己负责。

“天上不会掉馅饼”，即使侥幸可以敷衍过去，长此以往必然害人害已。敷衍甚至比不忠诚、不勇敢更可怕，因为敷衍让人没了积极的工作态度，丧失了责任感，敬业意识和诚实精神就更无从谈起。

智慧格言

如果你在小事上苟且，那么你在大事上、你在一生中一定也是一个苟且的人。

——李亦非

保持冷静，明智处理

生活中，许多人在发生了突发事件后，都会由于慌乱犯各种各样的错误。而事后冷静下来经过认真分析，又会后悔不已，如果能够冷静处理的话，情况就会大不相同。在这个世界上，每一个人的心理状况都不可能每时每刻保持理性与清晰，而且每个人的社会阅历和知识都不可能相同，因此就会出现很多主观上的想法与他人发生冲突的可能性。

天下没有一件事情是十全十美的，即使在极盛时期也会有衰败的征兆，犹如花开满庭时便注定了落花飘零的情景。所以说，无论发生多么棘手的事情，你需要的只是在遇到困境时冷静地处理，才是明智之举。

王敏是位销售培训经理，她认为每个周五的上午召开一次会议非常好，这样不但可以总结本周的工作情况，还可以促进大家交流好的经验。但与她同一级别的同事李洁却认为把时间固定得这么具体不好，她还说王敏也太过于苛求了，而王敏却觉得同事不支持她的工作。如此一来，她们俩人就开始了明争暗斗，不仅影响了她们的正常人际关系，还影响了工作上的交流与工作的效率。

终于，李洁忍不住问王敏：“你那样开会到底有什么好处？”王敏回答她：“这么做是希望得到持续反馈信息，把工作做得更好，所以周五上午开一次会是很有必要的。”而李洁却说："不占用上午的上班时间可以使销售队伍多出点力，而会议可以改到其他时间。"她们各自说出了自己的想法后，最终做了一个两全齐美的方案，那就是每周的某一天公司员工在一起吃早餐，这样既可以代替占用时间的会议，又可以很好地交流彼此的心得。

从她们俩人的矛盾中可以看出，虽然她们都是为工作着想，但因各执己见，坚持自己立场上，从而未能提高工作的效率。而一旦说开了，统一了想法，矛盾解决了，则可以把工作做到最好，还不影响人际关系。一旦矛盾激化，很有可能会出现难以想象的局面，即使合作，也会心存怨恨，影响工作，更别提把工作效率搞上去了。

面对生活中发生的矛盾与冲突，不妨冷静地找出矛盾的根本原因，认真沟通，客观的评价谁是谁非，试着站在对方的角度去思考，宽容理解对方，最后找出双方都能接受的办法。这样不至于发生不必要的冲突，从而耽搁工作。这样将会使你们双方都不会有所损失。

一次，在一个信仰宗教的家庭中，夫妇俩的独生儿子突然失踪了。孩子下午放学后居然没有回家，夫妇俩心急如焚。于是妇人开始不顾一切地在那祈祷，希望儿子尽快回家，她只能做到如此，因为该找的地方都找过了，她再也没有办法了。而她的丈夫是一个基督教徒，对唯一的儿子更是疼爱有加，面对儿子的突然失踪，更是无法抑制自己内心的痛苦。他厉声责怪他的妻子平常没有将儿子看好，才会让儿子发生这种危险的事情。同时还对妻子说儿子找不回来，就会和她同归于尽。本来就很受打击的妻子听了这样的话，更是伤心欲绝。

夫妻俩在四处寻找之下，还是没有儿子的下落，于是他们到佛堂来求助师父们的帮助，希望他们可以指点迷津。

到了佛堂后，妇人便跪在了佛前哭泣地哀求道："佛祖啊！我一直以来都是信佛的，而且特别地诚心，你可要帮弟子把儿子找回来啊。"

妇人边说边不住地磕头，还一直在不停地说着什么。

一会儿，她又沮丧地说："这么多年来我信佛，现在居然信到儿子都丢了，佛祖你没有保佑我，以后我也不会再信了。找不到儿子，我的丈夫也会把我杀了，我们一家都活不成了。"接着又是一阵哭泣声。

师父们见状便告诉他们说：焦急和慌乱是无用的，弄不好还会事与愿违，只有冷静下来，保持理智，找出办法，或报警，或找来亲朋好友帮忙，你的儿子就一定会回到你们的身边。听了师父的话丈夫冷静下来，告诉师父说，知道接下来要做什么了，便转身去找他的儿子了。好几个小时过去了，在大家的帮助下，他终于把儿子找回来了。原来儿子是被不良少年所恐吓，才躲起来没有回家的。

可见，在遇到棘手的问题时，保持冷静的头脑是最为关键的。同时听取朋友的忠言，也是生活中可以帮你解开疙瘩的好方法。一个人的本色不是在他顺利的时候可以看出来的，而是在他处于逆境中才能显现出来。人生在世，谁都会遇到不如意的事情，而此时也正是促使自己身心成熟的时机，更是培养能力的机会，其中最关键的就是要冷静地处理事情，这样才会提高做事情的效率。

俗话说："人生不如意事十之八九。"的确，每个人的人生都不可能时时、事事都顺自己的心意，总会有这样那样一些挫折与困扰发生。人们想要在这个反复无常的世界里生存下去，就要让自己学会冷静，只有遇事冷静处理才是最明智的做法，如果总是在遇到突发事件时感情用事，火上浇油，不但解决不了问题，还会使事情发展到更加糟糕的地步。

智慧格言

讨论的时候要冷静，激烈的争论会使错误变成缺点，真理成为霸道。

——赫伯特

坚持不懈，不轻易松懈

达·芬奇坚持每天画好几个小时的鸡蛋，他成了著名的艺术家；贝利坚持每天苦练 5 个小时的足球，他成了一代球王；比尔·盖茨在成功之前，更是每天在电脑前待上十几个小时编写程序。这些成功者难道不知道睡觉和娱乐是一种享受吗？他们从一开始就知道这是成功之路吗？当然不是，他们只是比一般人更清楚一点，想要成功，就要坚持到底。

牛津大学曾经举办过一个主题为“成功秘诀”的讲座，请丘吉尔前来演讲。会场上人山人海，学生和媒体坐满了整个礼堂。当丘吉尔出场的时候，大家纷纷报以热烈的掌声。

丘吉尔用手势止住了掌声，开始了他的演讲。他声音饱满地说道：“我的成功秘诀有三个：第一个是，坚持到底：第二个是，一定要坚持到底；第三个是，一定、一定要坚持到底！我的演讲结束。”

说完这句话，他从容地走下了讲台，会场上所有的人都沉默了，一分钟后，会场爆发出了雷鸣般的掌声，长达10分钟。

成也在人，败也在人。失败者并不是比成功者缺少天赋或者便利的条件，而是在逆境或者绝境中，成功者比失败者多坚持一分钟，多走一步路，多思考了一个问题。成功的诀窍似乎有许多版本，自信也好、聪明也好、机遇也好，说到底，成功只是因为他们紧紧抓住梦想一刻也不松懈，正是坚持和执着造就了一个又一个事业的巅峰。

第二次世界大战结束的时候，美国的国旗上只有48颗星，它代表着当时美国联邦政府的48个州。但20世纪50年代后期，两个新的州即将加入联邦政府，这样，有着50个州的美国，再用48颗星的国旗就显得很不合适了。那么谁是新国旗的设计者呢？出人意料的是，50 颗星的新国旗的设计者，在当时仅仅是个 17 岁的高中生，他的家在俄亥俄州的兰开斯特市。

那是 1958 年春天的一个星期五的下午，高中生罗伯特一路上都在思考历史课老师普拉特先生布置的家庭作业。老师要求全班同学各自独立完成一个课题，这个课题要能表达他们对历史这门学科的兴趣。要求是：有可视性，有独创性。作业要在下星期一完成。做什么好呢？

当罗伯特所乘坐的校车驶过兰开斯特市的闹市区时，他一眼便看见了飘扬在市政厅屋顶上的美国国旗。“就是它了，我要设计一面新的国旗。”他对自己说。

当时，阿拉斯加很快就将成为美国的第 49 个州。他有一个预感，当时由共和党占统治地位的夏威夷，也一定会在不久的将来成为美国的第 50 个州。

回到家，一放下书包，罗伯特便着手设计心目中新的美国国旗。他画出了 50 个小格子，在每一个格子里画上一颗五角星。思路一打开，便一发不可收，他一口气将脑海中的图案定格于稿纸上：每行 6 颗星，一共有 5 行，另外还有 4 行，每行 5 颗星。

第二天早上，他从衣柜里找出家里备用的当时的国旗，在客厅里，用剪刀剪下了蓝底上印有 48 颗星的那一角。

妈妈看见罗伯特用剪刀剪国旗，着实吓了一跳。她责备罗伯特亵渎神圣的国旗。可罗伯特争辩说，这是在做学校布置的家庭作业。“妈妈，我保证，我不会把国旗给搞糟的。”罗伯特说。

罗伯特骑车到商店买来了一块蓝色的棉布，还有一些补衣服用的白色不干胶胶布。只要用熨斗一熨，这些胶布就会粘在棉布上。他先用硬纸板剪好了五角星的样子，然后照着样子在不干胶胶布上画下100颗五角星，剪下来。这样，他就可以在蓝布的两面各贴上50颗星了。

本来，罗伯特打算请妈妈帮他把做好的这块旗面缝到那面旧国旗上去，但是妈妈不愿意“胡来”。于是，罗伯特只好自己用脚踏缝纫机把这一角缝了上去。连他自己都惊讶，自己居然无师自通，会使用缝纫机。最后，他用熨斗把缝好的新国旗熨烫平整，家庭作业便完成了。

但结果并不像罗伯特所希望的那样能得个“A”。老师普拉特先生仔细看了罗伯特的杰作，摇了摇头说：“这不是我们真实的国旗，我们的国旗上哪来50颗星？”尽管罗伯特解释了又解释，但普拉特先生坚持只给罗伯特打了个“及格”的分数。罗伯特又气又恼，非常扫兴。他据理力争，这还是他第一次为自己的分数与老师争辩：“我认为我的作业应该得到更好的分数。另一个同学做了一幅树叶粘贴画都得了‘A’，我的作业为什么不能？何况我的作业还发挥了一定的想象力呢！”

普拉特先生冷静地看着罗伯特，宣布说：“如果你不喜欢我给你的分数，那你自己把旗帜扛到华盛顿去，看他们能不能接受。”

这正是罗伯特心中所希望做的事。他马上骑车去了当地议员沃尔特·莫勒先生的家。敲开议员的家门，罗伯特把他自己设计的、新做的国旗拿给沃尔特·莫勒先生看，并陈述了他为什么要这样设计新国旗的理由。这个稚气未脱的17岁的高中生问议员先生：“您能把我设计的新国旗带到首都华盛顿去吗？如果要举行为50个州的美利坚合众国设计新国旗的比赛，议员先生，您能推荐这面旗帜去参加比赛吗？”面对这位情绪激动的中学生，莫勒先生显得手足无措，最后终于答应下来。

“也许他是想赶紧把我打发走。”罗伯特后来对人讲起这事时笑着说。

在接下来的两年中，罗伯特一直怀着希望等待着。1959年1月，美国总统艾森豪威尔签署了公告，宣布阿拉斯加成为美国的第49个州。就像其他的州一样，按规定，代表阿拉斯加州的这一颗星，应该在7月4日美国国庆这一天被加进国旗里。但是显而易见，49颗星的美国国旗几乎立即就要过时——因为到这年的8月，夏威夷就将成为美国的第50个州。这正是罗伯特所预料和期望的。

这时，罗伯特已经高中毕业了，普拉特先生给那次作业判下的可悲分数“及格”仍然被记录在登记本里。罗伯特成了一家工业公司的制图员。“我设计的那幅国旗不知怎么样了？”他时常禁不住想到它。他已经听说有成千上万的国旗设计方案交了上去。

国会组织了一个专门的委员会负责审查，最后选出5个方案上报给艾森豪威尔总统。到了那年6月份的时候，一天，罗伯特正在公司的制图室工作，一位秘书上气不接下气地跑来叫他：“有你的电话，是一位议员打来的，快去接。”

是莫勒先生，罗伯特一下子就听出了他的声音。“孩子，我为你骄傲，艾森豪威尔总统选择了你的新国旗设计方案。祝贺你！”罗伯特高兴得跳了起来。他买了机票飞到华盛顿，为的是亲眼去看看自己设计的新国旗被人们挂起来的样子。这是它第一次高高地飘扬在国会大厦的房顶上！那时，虽然还有成千上万的人也提出了类似的设计方案，但是罗伯特的方案是最先交上去的，而且，它不仅仅是一个草图，它是一面真实的旗帜。这正是罗伯特的方案胜出的优越条件。从此，罗伯特设计的美国新国旗便成了这个国家的正式国旗，很快插遍全美各地。它在每一个州的议会大厦上高高飘扬，也遍插于美国驻世界各国大使馆的屋顶上。它是美国历史上唯一一面历经5届总统，现在仍然飘扬在白宫上空的国旗。

那么，后来罗伯特的老师普拉特先生的态度呢？罗伯特从华盛顿回到家乡的当天，普拉特先生就修改了当初的分数。但是，罗伯特若有所思地说："如果我的分数不是那么低的话，我不会拿了旗帜去找议员莫勒先生，如果我没去找莫勒先生，我的设计方案也就永远不会为人们所知，我也许就不会飞去华盛顿……这就是机遇，它垂顾了紧紧抓住它的人。"

这就是一个美国中学生设计美国国旗的故事，一个充分地诠释了"机遇"的有意义的故事。究竟什么样的人才能成为机遇的"幸运儿"呢？罗伯特给了我们他的答案。那就是执着的信念、梦想的热情、不懈的坚持和创新的勇气。抓住机遇绝不是一个一蹴而就的过程，把握机遇也不单单是瞬间的"灵光再现"，它们都是一系列努力的收获与一连串付出的结晶。

我们知道国旗不只是一个国家的标志，它承载了太多政治文化、民族和社会的意义。可你是否想过就是这样一个庄严神圣的象征自由民主的载体，源自一个微不足道的中学生对一个在别人眼中同样微不足道的观点的坚持和坚信。

罗伯特是幸运的，他最终得以梦想成真：美国国旗是幸运的，它背后的故事体现了人类最美好的品质；我们是幸运的，在原本平淡无奇的日子里感受这份历史机遇的深沉和可贵。

成功最开始降临在你的头上时，并没有光环，也没有任何吸引人之处。如果你能够将身边的小事做好了，或者是感兴趣的事，或者是有意义的事，只要坚持不懈，就会让成功的光芒最终闪现出来。

每个人都想成功，但是却不能都把任何事情坚持到底。如果能够把坚持变成一种习惯，如果能够把坚持变成一种精神，那么，还有什么困难不会在你面前低头呢？还有什么事情难得倒你？只要坚持，一切困难都会向你低头。

智慧格言

成大事不在于力量的大小，而在于能坚持多久。

——约翰逊

第七章

想做好事，要学会沟通而不是不善言辞

不做无谓的争执

一个人面对外面的世界时，需要的是窗子，一个人面对自我时，需要的是镜子。退一步，海阔天空，为自己，为别人留个台阶，何乐而不为呢？

如果在生活中把每个人都当作朋友看待，就会有个好的心情，好的心情更有利于工作的开展。试想，如果树敌太多，到一个地方就看见一个“仇人”，哪会有心情学习、工作呢，一见面不打起来都算好的了。所以，无谓的相互争执只会浪费时间，从而导致效率低下。

林肯说过：“决心有所成就的人，决不肯在私人争执上浪费时间，争执的后果不是他所能承担得起的，要在和别人拥有相等权的事物上多让步一点，而在那些明显是你对的事情上少让步一点，与其与狗争道，被它咬一口，还不如让它先走，就算你弄死了它，也治不好你被咬过的伤。”

这说明了“争论”是无价值的，它不仅浪费了很多时间，也给人们的生活带来很大的不便。不要只为了一时的气愤而争个没完，时间是不会因此而停滞不前的。

从前有两匹马，一匹是白的，一匹是红的。白马浑身上下雪白雪白，没有一根杂毛，他觉得自己才是世界上最棒的一匹马，要不然怎么会有“白马王子”之称呢？红马浑身上下都是枣红色，连出的汗都是红的，他觉得自己才是世界上最棒的一匹马，因为他有“汗血宝马”之称啊！可是世界上只能有一个第一，这两匹马争执了很久，他们最后选择以决斗的方式来证明。

决斗方式是：穿越沙漠，看谁先找到绿洲。天很热，白马觉得自己日行千里没有问题；太阳很毒，红马觉得自己攻城拔寨不在话下。两匹马不在乎天气的问题，饮足了水，吃饱了，什么也没带便出发了。这两匹实在是难分伯仲的好马，在沙漠里飞驰而过，像闪电也像旋风，并驾齐驱煞是好看。沙漠将太阳的威力发挥到了无穷，几个小时后，两匹马又累又渴。然而这时候他们走散了，在漫无边际的黄沙中，他们看到的除了黄沙还是黄沙。他们都感到好孤单，又累又渴又饿：“也许我该退出这场无谓的争夺？最起码，要保住自己的命，那才是天底下顶顶要紧的事情。”

“找到不知所在的绿洲不太现实，与其死在沙漠里，倒不如折回头去吧。”他们都泄气了。可是这时候，天已经黑了，夜幕降临的沙漠吹的是凛冽的寒风，而他们只能拖着疲惫的身子，饿着空空的肚子往回跑。

从这个故事上，我们不难看出，争执是一个毫无意义的事情，为了一个争执付出沉重的代价，更是没有意义的事情。时间不会因为他们的争执而停下来。天黑了，顶着寒冷，空着肚子，拖着疲惫的身子，他们仍然要回到来时的路。

无谓的争执就是在浪费时间，只要能避免徒劳无功的争执，人人都是赢家。争执必然是对峙的情景，消耗的便是时间，在那段时间里，你没有去做该做的事情，时间就在争执中流走了。

有一个女孩子由小到大一直生活在和父亲的争执中。有一天，父女又吵得面红耳赤，怒目相对。女孩气得像火山，都要炸了。这时候风大，把窗子吹开了，正好反射出父亲的脸。外面的夜黑，那脸照得像镜子一样清楚。女孩子突然吓了一跳，那玻璃窗上的脸，不就是老爸的脸吗？脸色涨得红红的，眼睛瞪得鼓鼓的，那鼻子，那脸庞，都跟自己对面的老头一个样子。她发现她正在欺负一个老人，而且不知不觉中度过了十几年。她在想，假如这十几年和父亲一直是和睦相处，那将会是件多么快乐的事情。她深刻地感悟到，自己虚度的十几年的光阴里，有三分之二是在与父亲的争执当中度过的，她知道了人不可能都是在有保障的情况下生活的，起码在她能够补偿的日子里，她要尽力地补偿。从此她不再与父亲争执了。她也获得了更多的父爱。

不要总是为无谓的观点争执不休。岁月人生就那么一瞬间，别虚度了光阴，虚度光阴并不痛苦，痛苦的是你竟然还懵懂不知。

人生在世，由于个人能力存在差异和偏颇，不可能自己什么都做得来，即便是做得来也不能保证样样做得好。在和他人交往过程中，难免与人发生小矛盾。如果我们以一种良好的宽容心态来看待这些矛盾，就不会有所谓的争执了。

电视上，报纸上，太多的新闻报道关于争执误了时间的例子还少吗？一名由西安返回广州的旅客在西安咸阳国际机场登机时，由于手提行李中夹带一把带自锁装置的弹簧刀，被机场派出所查获没收，而该乘客因与机场安检人员对是水果刀还是弹簧刀争执不下最终耽搁了登机时间，只能改签第二天的飞机回广州了。

时间总是在一些无谓的争执中过去了，但生活却似乎并没有因此而改变，在你对我错的争执中继续着。其实我们很多时候争执的是自己的得失、感觉、心情、观点。你没有必要强加给对方，就算对方被迫接受了你的观点，也没有实际意义。你有的只是暂时的满足感和骄傲感，你以为你胜利了，却不知在争执中退却的人才是智慧的，因为他们懂得，把时间浪费在无谓的争执上，自己是没有一丝收获的。他们需要做的事情太多了，他们懂得珍惜时间。鲁迅先生说："浪费自己的时间等于慢性自杀，浪费别人的时间等于谋财害命。"

所以，不要再去浪费你自己的时间，也不要浪费别人的时间。

智慧格言

说话谨慎胜于滔滔雄辩。

——弗·培根

真诚地赞美

有个很明显的现象，凡是生活中你遇到的人，几乎都觉得自己有比你优秀的地方。那么打动他的只有一个法子，就是让他觉得你承认他在自己的小天地中是高贵而重要的，并且真诚地称赞他。

真诚地赞美的实质是：发自内心的对于自身所支持的事物表示肯定的一种表达。恰如其分的赞美能增进友谊，让别人听起来心情好。

哲学家们对于人类关系的定理曾经思索考证了几千年，但结果只能引证出一条重要的定律。那条定律并不是新创的，而是与历史一样古老。三千年前波斯哲人梭罗斯特把那条定律教给拜火教徒；两千多年前中国的孔夫子把那条定律传给门人弟子，中国道教始祖老子也曾传授这条定律。释迦在两千多年前也把那条定律广传给人们；耶稣也把那条定律归纳成一句可以说是全世界最重要的规律：

“你希望别人怎样待你，你就怎样待人。”

你想使曾和你交往过的人都赞同你，你想要别人承认你的真正价值，你想要有一种在你的小世界中的高贵感，你不愿意听无价值不真诚的阿谀，而渴求诚挚的赞赏，所有的人都需要这些。

美国著名小说家贺尔柯恩原来是一个“铁匠之子”。他一生上学不足8年，然而，他死时已是世界上最富有的文人。

柯恩最爱读十四行诗及短歌，因此他把英国诗人罗赛蒂的诗全部通读，甚至还写了一篇讲演稿颂扬罗赛蒂的艺术成就，并且寄了一份给罗赛蒂。罗赛蒂很高兴，他对自己说：“有一个青年人对我的才能有这么高的评价，那么他一定是很聪明的。”因此，他便函聘柯恩到伦敦当他的私人秘书。这是柯恩一生的转折点。因为他在新职位上，遇到了当代的诸多文豪。得益于他们的指教，由于他们的鼓励，柯恩遂致力于文学事业，后来他的名字为世人所熟知。

柯恩的故里格端巴堡成为世界上一些旅游者爱去瞻仰的圣地。他的遗产总值高达250万美元。然而谁晓得——假如他不曾写那一篇称赞大名人的文章，到死时也许还只是一个默默无闻的穷人。

这便是真诚赞美的力量，伟大的力量。

赞美是人与人交往的一流台词，学会了它，也就学会了口才学的一半。赞美的话最能赢得人心，你肯定别人的时候，也就得到了别人的肯定。灵活做人，就要学会适时地赞美别人，并不一定要有回报，因为，真诚地赞美别人是一种美德。

有一个商人，就曾因为应用了真诚赞美而获得意外的好处。他是美国康涅狄格州的一位律师杰克。

有一天，杰克驾着汽车陪太太到长岛去看她的亲戚，太太留下他陪一个老姨母闲谈，自己另外去看别的亲友。他巡视着屋里的一切，想找点值得真诚赞美的东西。

“这座房子是 1980 年建造的吗？”他问道。

“是的，正是那一年建造的。”老姨母回答。

“我想起来我就是在这样的房子里出生的。设计真美，建筑也好，室内也宽大。你知道现在的房子都不这样建筑了。”杰克说。

“你说得很对，”老姨母赞同道，“如今的年轻人都不讲究住好看的房子。他们只要有几小间住室，一台冰箱，再有一辆汽车，可以坐着出去兜风就满足了。”

“这是一所梦想中的房子。”老姨母柔声颤动地说，“这房子是基于爱建造的。我丈夫和我在未盖这房子前已梦想了许多年。我们并未请建筑师，完全是自己设计的。”

她领着杰克到各房间去参观，杰克对她一生所珍爱收藏的各种珍品如法国床椅、英国茶具、意大利名画、法国某营堡悬挂过的绒帷，都恳切地加以称赞。

她领杰克看完各屋之后，又领他出来到车库，那里放着一辆很新的别克牌汽车。

“我丈夫在去世前不久买的这辆车，”她柔声地说，“我从他去世以后就没有坐过……你既喜爱美丽的东西，我打算把这辆车送你。”

“不，姨母，你使我吃惊，我感激你的仁慈，但是我不能接受你的赠予。我有一辆新车，而且你还有很多更近的亲友可以赠给他们。”

“更近的亲友！”她喊道，“是的，我倒是有亲友，他们全在盼我死了，好得这辆车子呢。但是我偏不让他们得到。”

“假如你不想赠给他们，你还可以把车出卖呀。”杰克说。

“出卖？你想我能卖掉这部车吗？你想我能甘心看陌生人坐着这辆车在街上走吗？它是我丈夫特意为我买的，我绝不能卖掉它，我一定要送给你，因为你懂得珍爱美的东西。”

杰克还是想办法不接受那辆车，但是他又不便伤老姨母的心。

这位老太太，只身住在一所大房子里，披着派斯莱的披肩，对着法国的古玩，回忆她往年的幸福事，渴望得到别人一点认同。她当年美丽动人，她曾建造了一所作为爱情纪念的房子，从欧洲搜集了许多艺术品来装饰那所房子，现在临到孤烛残年，她渴望得到一点人间温暖，一点真心的赞美——但没有一个人给她。于是当她一旦找到她渴望的东西，便像沙漠中寻着了甘泉，她的感激之情，并非只是把一辆新的别克牌汽车赠给别人所可以表达出来的。

人，总是希望得到他人的赞美。无论是咿呀学语的孩子，还是白发苍苍的老人，都会希望获得来自社会或他人的得当赞美，从而让自己的自尊心和荣誉感获得满足。我们应该学会赏识、赞美他人，努力去挖掘他人的闪光点。

智慧格言

赞扬是一种精明、隐秘和巧妙的奉承，它从不同的方面满足给予赞扬和得到赞扬的人们。

——拉罗什夫科

三思而后言

世界上没有完全相同的两片树叶，同样的道理，也没有完全相同的两个人，所以，要根据谈话的对象来决定自己的说话方式。需要他人的帮助时，如果觉得对方是一个很愿意伸出援手的热心肠的人，那么就不必拐弯抹角，直接说出自己的需求。反之，就要有一定的方式方法了。

有时候，没有铺垫而开门见山地说话，往往会让人觉得突兀甚至无法接受，尤其是求人帮忙办事时，说得太直接，直奔主题，被求者总是因为事情来得太突然，一时之间不知作何反应，甚至会因此而反感。

第二次世界大战期间，一名士兵长途奔袭，已经筋疲力尽。来到一户人家，希望向这户人家讨点汤喝，士兵对这家的女主人说："我已经很久没吃东西了，能给我一碗汤充饥吗？"

女主人一脸不悦，毫不犹豫地回绝了。

士兵将一把斧头拿出来，对女主人说："既然这样，就请您借口锅吧，我想煮斧头汤喝。"

女主人非常好奇，想看看这名士兵如何煮斧头汤，就把锅借给了他。

士兵把斧头放进锅中，等水烧开后拿勺子品尝了一口，对女主人说："拿点盐出来吧，太淡了。"

女主人往锅里放了些盐。士兵又尝了一口汤，对她说："味道不错，只是少了些白菜，家里有白菜吗？"

女主人非常好奇斧头汤是怎么做出来的，就往锅里加了点白菜。士兵装模作样地又尝了一口，连连赞叹道："太棒了，太棒了，如果再放进一些肉末就大功告成了，肯定会非常美味。"

听了这话，女主人又加进一些肉末。士兵把斧头捞出，开始喝这锅美味的白菜肉末汤，女主人如梦初醒。

故事中的士兵，无疑是聪明的，在直接说出自己的需求遭到拒绝后，他采取了迂回战术，设置了一环紧扣一环的"圈套"，使女主人不知不觉满足了自己。

说服也是同样的道理，大部分人都不愿意被人强迫着放弃自己的观点和立场。这时候，不妨循序渐进，步步为营，像爬梯子似的一点一点说出自己的要求。

在说服别人时，不妨也像这名士兵一样，先说出一个对方能满足的要求，以此为引子，慢慢为自己创造有利的时机。

有一位总编需要一位助手，想从身边的编辑中选一位。经过一段时间的考察，他发现刘欣是最佳人选，因为她各方面都很突出，非常适合做自己的助手。

可是，刘欣是个女孩，比较恋家，希望有一天可以离开大城市回到老家，因此想说服她做助手不是一件容易的事情，需要从长计议。

有一天，总编请刘欣吃饭，席间对她说："你的文笔不错，我想请你帮我个忙，替我写一篇新闻稿。负责这件事的小王刚辞职，但是这篇新闻稿明天就要刊登在报纸上，希望你能帮我一把。"

吃人家的嘴短，拿人家的手软。虽然不太乐意，可是刘欣只得应允下来，答应帮总编写一篇新闻稿。

等刘欣把写好的新闻稿交给总编时，总编读了一遍又一遍，大加称赞，夸奖她说："你这文笔不写稿子简直是埋没了人才。这周的工作比较忙，你就受点累，再帮我一周吧！我抓紧时间招一名新人来顶替你。"

刘欣无可奈何，只能答应帮忙写一周。

一周过后，总编又提出让她帮忙写一个月、两个月……最后直接让刘欣担任这个职务，劝她不要回老家了。就这样，刘欣成了总编的助手，专职负责这项工作。

虽然刘欣是最合适的人选，但总编心里清楚，如果直接去说服刘欣放弃她的想法，按照自己的来，肯定会遭到拒绝。于是，总编以帮一个小忙开始，逐渐把刘欣引到自己“设计”的套路上来，从而达到了说服目的。

古人云，三思而后行，实际上说话也要三思而后言才行。生活中说话一定要走脑。然而生活中，有的人只图一时口舌之快，说话不思考，不管不顾，让听的人不舒服，甚至无意之中可能还会冒犯了别人。

说话要考虑说话对象。能看透对方的心理可以说是言者的高要求。如若真能抓住对方心理，那会达到事半功倍的效果。最起码在说之前，在脑子里大体地想一下听者的职业、身份、年龄、性格，听者的亲疏关系、听者的心理等。对这些心中有数，说话的时候就会有所注意。说话不加思考，口不择言，常常会说错话。说错了再弥补就不好办了。

智慧格言

一个人不会说话，那是因为他不知道对方需要听什么样的话；假如你能像一个侦察兵一样看透对方的心理活动，你就知道说话的力量有多么巨大了。

——林道安

妙用反问打破僵局

谈话陷入僵局，无疑是一个非常尴尬的时刻。在这种情况下，我们必须想点儿办法，顺利打破僵局，才能让谈话顺利地进行下去。否则，难堪的沉默时间太长了，就会导致谈话的氛围怪怪的，再也无法恢复最初的和谐融洽。要想打破僵局，可以调转话题，也可以使用反问的提问方式，吸引对方的注意力。

所谓反问，就是用与事实完全相反的表述再加上强烈的语气进行提问，其最大的作用就是能够激起对方的交谈兴致，让原本对谈话失去兴致的交谈对象，再次生发谈兴。有些交谈对象总是假装清高显得孤冷高傲，貌似根本不想交谈。但是，一旦你用反问句提问，激他让他不得不说，则他必须得说，否则就会承担误解。由此一来，他就从我不想说，变成了我一定要说，甚至别人拦都拦不住呢。

在家具市场，齐豫看中了一套橱柜。看到她转来转去左看右看，原本在远处的导购小姐走了过来，问："女士，对于这套橱柜，您有什么想了解的吗？"齐豫说："价格多少呢？有折扣吗？"导购小姐回答："这套橱柜原价 9999 元，现在打折之后，是 7888 元。"齐豫犹豫了一下，说："这么贵？！"导购小姐解释说："我们这个品牌的产品，都是用料最好的。其他品牌的橱柜，这样一套也要九千多元呢！"齐豫脱口而出："但是人家打折之后只要五千多元啊，你们足足贵了两千多元呢！"导购小姐笑着说："一套橱柜，居然打了对折，您敢买吗？"

听到导购小姐的反问，齐豫突然语塞，说："我就是相中你们家的，所以才问你价格的。"导购小姐笑了，说："是的呢，一看您就是个识货的人。那些四五千块钱的橱柜让您买您肯定也不敢买。常言道，买的没有卖的精，没有人会做赔本的买卖。您就踏踏实实看我家的橱柜，质量肯定是没有问题的。”

齐豫思来想去，又与导购小姐磨了很久，终于得到了一个懒人沙发作为赠品，买了这家的橱柜。

原本，当齐豫说出其他家橱柜的价格时，导购小姐似乎不占优势了。但是，导购小姐思维敏捷，马上就以一句反问，把问题抛给了齐豫。“一套橱柜，居然打了对折，您敢买吗？”这句话铿锵有力，掷地有声，让原本犹豫不决的齐豫，马上决定就买这个信心满满的导购小姐推荐的产品。由此一来，导购小姐轻而易举地做成了一笔生意。

智慧格言

说话周到比雄辩好，措辞适当比恭维好。

——培根

用幽默表达看法

一个不知名的小说作家对一位大师抱怨：“很奇怪，我能在一周内写好我的文章，但要发表却需要让我等上整整一年。”

大师思索片刻，对这个作家说：“倘若你换一种方式，用整整一年的时间来写文章，那么，你的文章一定能够在一周之内发表的。”

大师并没有直接指出这个小说家的不足，而是巧妙地转换了小说家的话语，从而委婉地指出该小说家的不足之处，让小说家有醍醐灌顶之感。大师既让小说家了解到自己的不足，又没有伤害到对方的尊严。

一位小朋友问妈妈：“妈妈，为什么人都有两只眼睛、两只耳朵、两只手、两只脚，却只有一个舌头呢？”

妈妈欣然答道：“这是让人要多看，多听，多做，多走路，少说不该说的话啊！”

面对孩子的问题，这位母亲并没有从生理的角度给予回答，而是借此问题巧妙地让孩子明白一些为人处世的道理。可以想见，这位母亲机智幽默的应答，一定比硬生生地向孩子灌输一些做人道理的教育有效得多。

在工作中，尤其是服务行业的工作人员，在向服务对象讲一些需要让他明白的问题时，常常会遇到一些让人不予理解的情况。这时，生硬地与对方据理力争，只能起到反作用，但是倘若能够十分巧妙地用一些容易理解的小幽默来分析给对方听，一定能使对方更容易接受。

一个讳疾忌医的人患了急性盲肠炎，不得不住进医院，但他顽固地反对手术。他理直气壮地说：“既然上帝把盲肠放在这里，那一定有他的道理的。”

“当然，当然，”医生很有礼貌地回答说，“上帝给你盲肠，就是让我能够把它拿出来啊！”

病人一听，不禁笑了起来，然后欣然地接受了手术治疗。

医生面对顽固的病人，倘若态度恶劣，不但解决不了问题，还会使病人情绪激动，更加不利于手术。面对这位顽固的患者，这位聪明的医生只是幽默地顺着病人的问题，给出了一个让人意想不到的答案，就让病人乖乖地和医生合作了。

小小的幽默，力量的确很大。人们之间的交往，贵在心灵上的沟通。要想弹奏出双方心灵的共鸣，需要借助于幽默的语言。幽默可以让人放松心情，产生心灵的共鸣。用幽默面对他人，你会发现：欢笑会使你们走得更近，并能填平双方之间的鸿沟。

幽默虽会令人发笑，但笑并不是唯一的目的。一般而言，幽默的语言更容易深入人心，在不着痕迹的情况下，达到打动他人、感染他人的目的。

有位刘先生住在平房里，一下雨房子就漏水，虽然多次向上级反映，一直也没有得到解决。

有一次，单位的领导前来慰问，领导问：“你家房子漏不漏？”刘先生乘机说：“还行，也不是天天漏，只是在下雨的时候才漏！”

几个月之后，刘先生的房子就修好了。

以幽默的方式来表情达意，这是最高明的解决问题的办法，也是沟通的一个重要途径。因为它委婉含蓄，虽然没有说明自己的意思，但是已经在笑声中友好地向对方表明了自己的意思。

幽默是一种自然地表现机智诙谐的能力。它更是一种内在的境界，一种通过语言和行为来表达的态度和观念。幽默的语言，具有一定的新鲜性和趣味性，很容易吸引人们的注意力，从而打动人心。幽默是一种特殊的情感交流方式，在交往时，可以用它来增强自己的吸引力、感染力，在愉悦的气氛中达到打动他人的目的。

一对青年恋人在路边大声争吵，眼看就要大动干戈。这时，邻居大婶撑着一把雨伞站到他们旁边，看他们吵架。

这对恋人看到她的举动，很不解，因为天气晴朗，并未下雨。他们禁不住停下争吵，好奇地问道："大婶，这么好的天气你撑伞做什么呢？"

大婶一本正经地说："待会儿肯定要下大雨。你看刚才（你们脸上）乌云密布，（嘴里）雷声轰隆，我看等下肯定会下大雨。"

这对恋人禁不住笑了起来，气也消了不少。

这位大婶并未直接制止即将发生的争执，而是把这对恋人争吵时的表情和语言比喻为下雨前的天气预兆，因而让二人之间的火药味逐渐散去。这种幽默的说服方式，更显出大婶的诙谐可爱。

幽默地劝服，不仅是一种高明的技巧，还能让对方感受到你的热情与温暖，从而更加容易采纳你的意见，让“忠言”也“顺耳”了。

很多时候，我们完全可以以幽默的方式来表达自己的想法与观点，使对方不至于丢了面子而怀恨在心，也能够达到自己的目的。当你真正地做到了这一点时，你便能够成为一个说服高手。

智慧格言

幽默可以说是能给人以微妙感的调剂生活的佐料。由于某种轻巧的幽默，就可以使当时的气氛为之改观，使陷于僵局的悬案豁然解决。

——大平正芳

第八章

想做好事，要广交朋友而不是独来独往

尽力帮助，不求回报

著名球星劳尔是“世纪豪门”皇家马德里俱乐部的队长，作为前锋，劳尔最著名的并不只是他高效的成绩，还有他闪亮的人格魅力。

从2002年开始，随着西班牙富豪佛罗伦蒂诺的注资，全欧洲好的球员几乎都来到了这里，这些球星不只提升了皇马的实力，同时也带来一个很大的问题：在以前的球队，这些人都是各自的领袖和核心，把他们凑到一起，很难保证这些大腕能认同彼此。更重要的是，很难保证他们能够不打折扣地执行球队的战术。

拿罗纳尔多来说，他经常打断主教练的战略部署，说：“只要把球带到前场，然后传给我，你们就可以庆祝进球了。”罗纳尔多的桀骜不驯让其他队友很不自在，贝克汉姆就有些讽刺地说：“这样的话，我这种只会传球的球员就该退役啦。”

罗纳尔多这样的性格确实有些不讨人喜欢，所以有一次他受伤，要在医院待两个星期，队友们竟然没有一个人提及要去探望他。

这时候劳尔说：“天才都骄傲，而我们都清楚罗纳尔多是个天才。训练结束后我们一起去看他吧，想想我们自己伤病的时候，是不是也需要队友的鼓励？”

几个队友同意了，去不了的也让其他人带上一张祝福的卡片或者礼物，罗纳尔多收到这些之后很感动。当他知道这一切是劳尔为自己做的，更是感谢劳尔。

贝克汉姆是个很有绅士风度的人，但刚来马德里的时候，他遇到了一个最基础也是最大的障碍——语言：很多球员会好几门语言，因为他们去过很多国家踢球，所以就学会了当地的语言。

但贝克汉姆生长在英国，很小的时候就进了曼彻斯特联队的青年梯队，直到来皇马前，一直都为曼联效力，从未去过其他球队，自然也就没学过西班牙语。这让他和其他队友交流的时候有很多障碍。

而劳尔略懂些英语，作为队长，就负起了责任，教贝克汉姆简单的西班牙语，帮他融入球队。最后，贝克汉姆虽然去了美国淘金，但他坦言“有幸能与皇马的队友在一起两年，是上帝的恩典，尤其是拥有劳尔这样的队长”。

从上面这个故事我们不难看出，正是因为劳尔队长的帮助，才让贝克汉姆非常感激，这是为人处世中最基本的社交基础。

在爱尔兰的一个小镇上，住着一对父子。父亲是小镇上的裁缝，虽然小镇上人口不多，生意清淡，但因为他手艺精湛，为人和善，人们都乐意照顾他的生意，日子倒也不很拮据。儿子乔丹正在上中学。每天放学的时候，乔丹就会到父亲的小店里帮忙。他的主要任务就是把顾客送来的衣服或布料做记号，然后把取衣票拿给顾客。做完这些工作以后，乔丹就会站在窗口朝街上张望，他喜欢看街对面那些熟悉的小酒店、小面包房，还有街上来来往往的行人。

小镇上的人都认识这对父子，当有人路过他们家小店，看到东张西望的乔丹时，都会停下来，热情地跟他打个招呼，乔丹也会对他们笑笑，以示回应。不过，有一个人很特殊，他从来不跟乔丹打招呼，甚至从来都不看他一眼。

他叫胡弗，是镇上有名的怪人。他一年四季都戴着一顶黑帽子，穿着一件破旧的黑色皮夹克，脚上穿着一双开了线的黑靴子，整天把自己裹得严严实实的，因此，大家都叫他“装在套子里的人”。

胡弗是一个游手好闲的人，白天在街上东走西逛，到了晚上乔丹父子快要收工休息的时候，他就会来到小店里，向乔丹的父亲要钱。

这天，快到收工的时间了，乔丹又看见胡弗慢慢地朝着小店走来，他急忙大声对父亲说：“爸爸，咱们赶紧关门吧！”他以为胡弗听到他的话后，就不会再走过来。但是胡弗仿佛没有听到他的话似的，还是径直过来了。他推开门，大模大样地进了屋。乔丹闻到他身上发出一股难闻的味道，连忙转过身去，装作没看见他。这时，乔丹听到胡弗对他的父亲说道：“我这几天没钱了，你能不能借我几块钱？”

父亲马上从口袋里找出两块钱来，对胡弗说：“拿去吧，不过别再去买酒喝了，给孩子买点面包和牛奶吧，别让他们饿着。”胡弗点点头，道了声谢就走了出去。父亲来到窗边，关切地望着远去的胡弗，直到看到胡弗走进面包房拎着一些牛奶和面包出来，他才关门休息。

乔丹已经记不清父亲有多少次这样做了，他从来没有见过胡弗还钱，也从没听父亲抱怨过。当乔丹长大后，忍不住问父亲：“以前您为什么总是借钱给胡弗，他可从来没有还过，而且，你明知道他借的钱大部分都拿去喝酒了。”父亲盯着乔丹看了一会儿，说道：“我在借钱给胡弗的时候，就从来没想过让他还，我只当送给他一些礼物而已。我只是在尽我的一点能力帮助他，并不希望得到他的回报。”

人在需要帮助的时候往往都会无助和脆弱，即使这件难住他的事是小事，也会让人产生挫败感。而这时候无私地帮助他人，无异于雪中送炭，会给对方留下很好的印象，可以让你在圈子里“拿下”更多的朋友。

智慧格言

最好的满足就是给别人以满足。

——拉布吕耶尔

忘记深埋内心的怨恨

你也许会用一生的时间去爱一个人或恨一个人。可以肯定的是，当你爱一个人的时候，你是快乐的，他给予你很多欢乐的、美好的回忆。只要你想起他，你肯定就会露出甜至心底的笑容，心情也会分外轻松；而恨就不一样了，你会不想见到他，甚至是他的朋友，你也不愿意提及，有时候，你真想要狠狠地报复他，觉得让他跪在你的面前你才解恨。恨不得把他撕成碎片，把他的心掏出来看看到底是什么颜色的。这样，你的内心就被这些“恨”吞噬得伤痕累累，你强迫自己忘记关于他的一切，但是你越想要忘记，他却总像个恶魔一样浮现在你的脑海，于是你会变得更加烦躁、痛苦而不可理喻。到最后，你开始恨自己，恨自己瞎了眼，为什么会对他死心塌地，恨老天为什么要让自己认识他，结果你只会越来越恨，越来越无法自拔。

古希腊神话中有一位叫海格力斯的大英雄。有一天，他走在一条崎岖的山路上，于是忍不住抱怨，就在这个时候，他突然发现脚边有袋子似的东西很碍脚，没有了耐性的海格力斯狠狠地踩了那东西一脚，可是，那东西不但没被踩破，反而还膨胀起来，变得非常大。海格力斯恼羞成怒，捡起一根碗口粗的木棒就开始砸，可是这东西竟然胀大到把路堵死了。

就在这时，出现了一位圣人，对海格力斯说：“朋友，快别再动它了，赶快忘了它吧，离它远一点吧！它叫仇恨袋，如果你不去惹它，它便小如当初，一旦你侵犯它，它就会膨胀起来，挡住你的路，与你敌对到底！”

我们生活在这个世界上，无论你以什么样的心情过，日子都要一天天过，你快乐也是过，不快乐还是一样要过。没有人有权利让我们不开心，不开心是因为我们还不够宽容，是我们总是残忍地和自己过不去，你认为，伤害自己就能对别人进行报复了吗？错了，人家根本不在乎你的恨，因为受伤害的是你自己。所以，我们要用热情去对待世界，尽情挥洒自己的笑，用一颗真心去对待朋友，用爱心对待亲人，忘记那些深埋内心的怨恨，这是对伤害你的人最好的报复。这样的你，必然会活在一个全新的、充满脉脉温情的世界中。

小沙弥去担水，回来的路上被蛇咬了。回寺院处理好伤口之后，小沙弥找到一根长长的竹竿，准备去打蛇。

慧清法师见状，过来询问。小沙弥把事情对慧清法师讲了，法师问事发地点在哪里，小沙弥说在寺院北坡的草地。

慧清法师又问道：“你的伤口还疼吗？”小沙弥说不疼了。

“既然不疼了，为什么还要去打蛇？”

“因为我恨它！”

“它咬疼了你，你就恨它，那你踩疼了它，它也恨你，也该咬你。你们双方因恨结怨，可你是人，你该早些放下心头的仇恨。”

小沙弥一脸的不服：“可我不是圣人，做不到心中无恨。”

慧清法师微微笑道：“圣人不是没有仇恨，而是善于化解仇恨。”

小沙弥抢白说："难道说我把被蛇咬当作被松果打中脑袋，或者半路被雨淋一样，我就成了圣人？如此说来，做圣人也太容易了吧！"

慧清法师摇摇头："圣人不仅是懂得化解自己的仇恨，更善于化解对方的仇恨。"

小沙弥怔住了，呆呆地望着慧清法师。

法师说："世人对待仇恨有三种做法。第一种是记仇，等于在心里搁了一块土坷垃，自己总是生活在恨意带来的痛苦中；第二种是尽快忘掉仇恨，还自己平和与快乐，等于把土坷垃弄碎，在上面种了花；第三种是主动与仇人和解，解开对方的心结，等于是把花朵赠给对方。能做到第三种，就与圣人的境界差不远了。"

小沙弥点点头。

不久，北坡草地上出现了一条高于地面的窄窄的石板路，那是小沙弥修建的，之后这里再也没有发生过蛇伤人的事情。

恨其实就是一把双刃剑，在伤害了别人的同时，也伤了自己。当一个人的心中有恨时，总是觉得别人对不起自己，总是认为自己付出了太多，而别人却熟视无睹，总是想当然地认为别人应该怎样回报你却没有那么做。

其实，当你在恨中纠缠而找不到出口时，你不妨冷静下来仔细思考一下，在我们怨恨他人的时候，我们可以从中得到什么？答案只有一种，那就是让自己受到更深的伤害。

现在的人这么多，哪一天不是人与人之间频繁地接触？无论与陌生人还是自己的亲朋好友，谁又能真正地说，自己与任何一个人都相处得很好？这个世界本来就充满矛盾，谁又能完全脱离这些摩擦呢？“恨”只能让一个人在狭隘中萎缩，“忘记恨”却能让一个人拥有人格上的崇高。

如果我们还是执意不肯忘记怨恨，那么我们也就否认了自己拥有宽容豁达的心，这样下来，我们内心也会更加强调自己是“受害者”。长期下来，心中对那个人或事的怨恨就会不断升级，而对自己的伤害同样也会升级。

智慧格言

紫罗兰把它的香气留在那踩扁了它的脚踝上，这就是宽恕。

——马克·吐温

承认别人的能力

约翰·亚当斯是美国历史上的第二位总统，为美国的独立立下过汗马功劳。

亚当斯在接替华盛顿就任总统时，美国正面临着与法国关系破裂的危险。到了1797年底，两国处于剑拔弩张、一触即发的交战前夕。

常识告诉亚当斯，要打胜仗，必须要有得力的统帅指挥。有很多人劝他亲自统率军队，但他认为自己并不具有军事上的特别才能。思来想去，他认为华盛顿才是唯一能够唤起美国军魂、团结全美人民的统帅。最后，他下定决心请华盛顿出山。

亚当斯的亲信得知后，一致表示反对。他们认为，如果华盛顿复出，会再次唤起人民对他的崇敬和留恋，这样势必对亚当斯的威望和地位造成威胁。

千军容易得，一帅最难求。亚当斯毫不动摇，认为国家的利益和命运高于一切。他授权汉尼尔顿立即给华盛顿写了一封信，请求华盛顿再次担当大陆军总司令，指挥美军打败入侵者。

与此同时，他又亲自给华盛顿写了封信。信中诚恳地写道："当我想到万不得已而要组织一支军队时，我就把握不准到底是该起用老一辈将领，还是起用一批新人，为此我不得不随时要向你求教。如果你允许，我们必须借用你的大名去动员民众，因为你的名字要胜过一支军队。"

华盛顿接到信后很受感动，表示愿意立刻肩负重任。幸运的是，就在华盛顿准备率军出征的前夕，亚当斯终于通过外交斡旋的途径同法国达成了和解。

这件事被美国人民传为佳话，亚当斯的正直与豁达也被广为传颂。后来，有位著名的记者采访他，问道："您为什么不怕华盛顿复出会再次唤起人民对他的崇敬和留恋，进而威胁您的威望和地位？为什么敢于起用比自己更优秀的人？”

亚当斯开始没有直接回答，而是先给这位著名记者讲了自己少年时的一件往事。

“年幼的时候，父亲要我学拉丁文。那玩意儿真无聊，我恨得牙痒痒。因此，我对父亲说，我不喜欢拉丁文，能不能换个事情做？”

“好啊！约翰。”父亲说，“你去挖水沟好啦，牧场需要一条灌溉渠道。”

于是，亚当斯真的到牧场去挖水沟。可是，拿惯笔的人，拿不惯锹。那天晚上，他就后悔了，整个身子疲惫不堪。只是他的傲气不减，不愿意认错。于是，他咬紧牙关又挖了一天。傍晚时，他只好承认：“疲惫压倒了我的傲气。”他终于回到了学拉丁文的课堂上。

在以后的岁月里，亚当斯一直记着从挖水沟这件事中得到的教训：必须承认人有所长，也有所短；人有所能，也有所不能。认为自己样样都行，实际上恰恰是自己的不自量力。

亚当斯深有体会地说：“真正出色的领导者，绝非事必躬亲，而是知人善任，特别是敢于起用比自己更优秀的人才。如果高层领导者事无巨细，一律包揽，那只能成为费力不讨好的勤杂工似的领导者。”

人无完人，要认识自己，就得走出自己。不仅要有进取精神，不断自我完善，还要敢于用人之才，用人之长。只有这样，才能不断取得成功。

当今的克莱斯勒汽车公司是美国三大汽车公司之一。但是谁又会想到，这家公司在20世纪70年代曾连遭挫折，到1979年，亏损额高达1132万美元，积欠各种债务高达48亿美元，公司濒临破产。

在这种恶劣的情况之下，底特律的另一角传出一条爆炸性新闻：福特汽车公司总经理艾科卡因与董事长亨利·福特二世矛盾激化而被解职。

那时的艾科卡已有相当大的知名度。他的才能众所周知，想聘请他的公司数不胜数。其中财大气粗的国际纸张公司、洛克希德公司、沙克广播公司，都相继提出了优厚的聘用条件。在这时，克莱斯勒公司仿佛在茫茫黑夜之中看到了救星，决心聘任艾科卡这位汽车业的奇才担当本公司的总经理。克莱斯勒公司为了免遭倒闭，决定不惜一切代价去争取艾科卡。

克莱斯勒公司的董事长乔克尔恩·里卡多先是派了两位很有名望的董事前去试探。紧接着，自己又多次出马，急切地希望艾科卡能到本公司来大显身手。艾科卡被他的诚意打动了，同意应聘，却提出了两个让一般人不可能接受的先决条件。

第一个条件是年薪不能低于他在福特公司时的36万美元。艾科卡要争口气，他不愿意在福特二世面前“丢人现眼”。而当时里卡多身为董事长，年薪才拿34万美元。这个条件对里卡多来说，实在有点为难。如果让经理拿的年薪比董事长还多，那违背公司的制度，也不符合企业界的惯常做法。为此，克莱斯勒公司专门召开了董事会，议定将董事长和总经理的年薪都定为36万美元。

第二个条件是他要有百分之百的自主权。艾科卡明确表示，他的条件是两年后乔克尔恩·里卡多要退出第一把交椅，由他担任董事长一职。这种情况可以说极其少见。

在中国，如果哪个单位想调进一位有才干的人，而这个人开口就说，我去了要当你们的领导，恐怕是百分之百不会被接受。即使三顾茅庐的刘备也不能答应。

刘备要的就是这句话。他知道儿子阿斗无能，而诸葛亮又是个“士为知己者死”的人。他这么一说，就是诸葛亮有“自立为帝”的打算也不会干了。可见，刘备虽对诸葛亮言听计从，但哪怕自己死了，也不愿意把他得到的江山让给他人。

乔克尔恩·里卡多在对待人才方面则更胜一筹，他听了艾科卡的条件，当场表示：“要你肯来，就让你当。”

艾科卡提出的两个条件都实现了，他也履行了自己的承诺，担任了克莱斯勒公司的总经理。艾科卡的确是一位奇才，他不负众望，很快就使克莱斯勒公司起死回生。1982年，公司还清了13亿美元的短期债务，盈利1.7亿美元，节存现金11亿美元。1983年克莱斯勒又盈利7.05亿美元，提前7年还清了政府贷款的保证金。这些卓越的成就，使得艾科卡名声大震，身价倍增。

克莱斯勒汽车公司终于走出了困境。在人们对艾科卡大加赞扬之际，也不应忘记，克莱斯勒公司之所以能渡过危机，主要原因是他们不惜代价地抢到艾科卡，这是他们的董事长的英明。

克莱斯勒汽车公司由衰败走向强盛的事例，说明一个优秀人才，在公司的核心位置上，所发挥的中坚作用是无比强大的。而原董事长乔克尔恩·里卡多为了公司的利益不计个人得失，大度纳贤，也应为人称颂。福特却因容不得他人而使公司树起了一个强劲的对手，蒙受了本不应受到的巨额损失。

智慧格言

广树敌人乃不智，失却贤臣是大凶。

——瓦鲁瓦尔

放低姿态，考虑他人需求

孔子有天外出，天要下雨，可是他没有雨伞，有弟子建议说："子夏有，跟子夏借。"孔子一听就说："不可以，子夏这个人比较吝啬，我借的话，他不给我，别人会觉得他不尊重师长；给我，他肯定要心疼。"

这个故事阐明了一个道理：生活中，我们要站在别人的角度看问题，要学会体谅别人，考虑对方的需求，这是低姿态做人的一项重要原则。

有的人认为，自己的利益是最重要的，在做事情的时候，总是先满足自己的利益，然后才去考虑甚至根本不考虑他人的利益和需求。殊不知，这时候，他人已经因他们的为人而不愿意再与之合作了。如果懂得放低自己做人的姿态，首先考虑他人的需求。满足他人的需求之后，自己的目标和需求也更容易实现了，而且还能够与他人保持良好的人际关系。何乐而不为呢？

一天傍晚，思想家、文学家爱默生走出了房门，他想把一头小牛赶进牛棚，便让儿子过来帮忙。来到草地上之后，爱默生打算在后面推，让儿子在前面拽。可是，任他们父子俩怎么拉，那头小牛就是不肯离开草地。

这一幕恰好被出来倒水的女佣看见了，女佣看到两个大男人累得满头大汗，却一点作用都没有，便上前帮忙。一开始，爱默生很不以为然："我们两个大男人都拉不动，你一个弱女子怎么可能做到呢？"

女佣笑笑说："你怎么知道我就不行呢？"爱默生只好同意了。便和儿子放开了这头小牛。

女佣靠近小牛，将自己的拇指放进了小牛的嘴里。小牛一边吸吮着她的拇指，一边慢慢地跟着女佣走进了牛棚。

这个女佣既不会也没有很大力气，可是，她却知道小牛想要什么，她使用很温和的方法把这头倔强的小牛引进了牛棚。爱默生父子俩都犯了同样的错误，他们只想到自己想要的，却没有想到那头小牛想要的。

如果想实现成功的交流，就要放低自己的姿态，从对方的需要入手，唤起对方的需求。要想处理好人际关系，必须考虑他人的需求。你如果希望得到一个朋友，首先需要考虑的是：他喜欢什么？如果想得到一个客户，首先需要思考的是：靠什么可以把他吸引到你身边来？下面的事例就是一个很好的证明。

赵朗到一家商场去推销产品，一开口就被挡在了门外。商场经理拒绝推销，赵朗十分尴尬，但他只是苦笑了一下，说："没关系，那就把我当作您的一位顾客吧！"经理不能不表示欢迎。

在商场转了一圈之后，赵朗指着一种优质进口床褥，问商场经理："这种床褥卖得怎么样？"或许是这个问题触到了经理的痛处，他不由得叹气道："一般。"

赵朗说："顾客对一种新品牌总有个认识过程的。"经理附和着说："是啊！这可是一条规律。"

"我这里有个'点子'，您愿意听吗？"赵朗问经理。

听说对方有建议，经理当然高兴了，他说："当然可以了，你说说看。"

赵朗建议道："你们可以在楼梯口放一张床褥，再在旁边立一块告示牌，上面写上：踩断一根簧，送您一张床。"

"这样行吗？"经理将信将疑。不过，看到赵朗肯定的表情，他也就照办了。

结果，人们闻风而来，争相蹦踏，接下来的经济效益可想而知了。经理非常感谢赵朗的点子，为了表示感谢，他表示：商场可以销售赵朗的商品。

赵朗本来是到商场去推销产品的，没想到吃了闭门羹。为了扭转乾坤，赵朗从对方的需求入手，帮对方解决了一个大问题。为了表示感谢，对方接受了赵朗的产品。可见，从对方的需求入手，可以让自己受益无穷。

生活中有的时候，我们常常站在自己的立场上考虑问题，人与人之间为了小利益，互相扯皮、争斗，最后只能是两败俱伤，唯有互相配合、相互欣赏、相互团结、相互支持、相互信任、相互珍惜，方能合作共赢。

叶圣陶先生在教育子女要多为他人着想时，举过一个例子：一位父亲让儿子递给他一支笔，儿子随手递过去，不想把笔头交在了父亲手里。父亲就对儿子说："递一样东西给人家，要想着人家接到了手方便不方便。你把笔头递过去，人家还要把它倒转来，倘若没有笔帽，还要弄人家一手墨水。刀剪一类物品更是这样，决不可以拿刀口刀尖对着人家。"

是的，在生活中，当我们面对某一问题时，如果仅仅是从自己的利益得失出发去考虑，而置别人于不顾，往往就会失之偏颇，甚至伤害他人。凡事设身处地，换一角度为他人着想，原本疑惑不解的问题，都可能会变得豁然开朗而迎刃而解。为他人着想，本身就是一种修养，是一种素质，更是一种睿智的体现。

智慧格言

对于我来说，生命的意义在于设身处地地替他人着想，忧他人之忧，乐他人之乐。

——爱因斯坦

感谢对手，向他学习

大多数人总是用敌意的目光来对待对手，在碰到对手的时候，首先是不屑（觉得对手的东西不怎么样），接着是愤怒（发现这个家伙竟然威胁到自己甚至超越自己），最后则是不能在他面前提到对手的只言片语。

其实，越是敌人和对手，可学的才越多。对方要消灭你，一定是竭尽全力，并且有专门针对你的方法，在他们使出浑身解数的时候也就是传授你最多招数的时候。

所以，如果你有个对手，很强大的对手，你应该打心底里高兴。就像每天要照照镜子，你要每天都仔细盯紧这个对手，好好欣赏他，好好跟他学习。而最好的学习，永远来自你和他交手，被他击中的那一瞬间。不要逃避对手，也不要埋怨对手，敞开你宽广的胸襟，友好地说声："感谢对手。"

一位动物学家对生活在非洲大草原奥兰治河两岸的羚羊群进行了一番研究。他发现东岸羚羊群的繁殖能力比西岸的强，两者的奔跑速度也不一样，东岸羚羊每分钟要比西岸羚羊快 13 米。

对这些差别，这位动物学家曾百思不得其解，因为这些羚羊的生存环境和属类都是相同的，食物来源也一样，都以一种叫莺萝的牧草为主。

有一年，他在东西两岸各捉了 10 只羚羊，把它们送往对岸。结果，运到西岸的 10 只一年后繁殖到 14 只，运到东岸的 10 只剩下 3 只，那 7 只全被狼吃了。

这位动物学家终于明白了，东岸的羚羊之所以强健，是因为在它们附近生活着一个狼群；西岸的羚羊之所以弱小，正是因为缺少这么一群天敌。

大自然中的动物许多互为天敌，正因为如此，才保持了大自然的生态平衡。动物之间互为天敌，却又彼此依存。人类又何尝不是如此？

对手的存在，能搅动我们平静的生活，甚至还常给我们的人生道路带来危机。但是，对手的存在，也能使我们变得更坚强、更智慧、更强大。孟子说："出则无敌国外患者，国恒亡。"就是这个道理。

孙膑和庞涓同拜师于鬼谷子门下学习兵法。两人初时关系很好，后来庞涓先下山去魏国求仕途去了。魏王很赏识庞涓，庞涓确实也有才能，帮魏国立下了战功。庞涓因此得到重用，执掌兵权，但也生出了骄傲自大之心。

孙膑经过学习，兵法精进了许多，师傅看他为人不错又将独门秘诀传授于他。此时魏王又派人来召孙膑下山，孙膑就去了。

庞涓深知自己不如师兄，他一来势必要夺取自己的一切。因此心生怨恨，他表面上和孙膑依旧如故，暗地里却设计害他。孙膑被庞涓设计陷害，失去双腿，几乎一死。在朋友的帮助下逃离魏国前往齐国，由于孙膑的才能很快他得到重用，一次与魏国的对战中，庞涓被孙膑打败，庞涓死于战场。

害人终害己，这是不正当竞争、不正视对手所引发的惨剧。

如果你逃避对手，同时也就失去了一次尝试的机会，不敢承担尝试的风险，永远都不会有壮丽的人生；如果你埋怨对手，你的心胸会变得狭窄，以致不能容下任何事物，久而久之，生命就会慢慢枯萎，只有用微笑面对生命中的一切对手，生命才会越来越有意义。

同样，如果能以宽广的胸襟和对手合作，也会收到双赢的结果。

在广州，有位家庭主妇在自己居住的小区开了一家儿童玩具店，由于经营有道，很快便成了这个小区的“玩具老大”。后来，她的附近又冒出两家玩具店。这时，她的亲友建议她采取竞争手段，把另外两家玩具店挤垮，垄断这个市场。谁知，家庭主妇不但没有排挤对手，反而联合竞争对手，共同策划一些经营活动，甚至主动给对手介绍业务。更令人感到奇怪的是，另外两家濒临倒闭的玩具店不但起死回生，而且家庭主妇的生意也越来越红火，几年下来赚了 100 万元。

智慧格言

一个聪明人从敌人那里得到的东西比一个傻瓜从朋友那得到的东西更多。

——格拉西安